Summa 3

Mathematik (Analysis) für
die Sekundarstufe II insbesondere
für Fachoberschulen
und berufliche Gymnasien

von Johannes Mense
Heinrich Rohde Gerd Görries

Lösungen

Ernst Klett Verlag
Stuttgart Düsseldorf Leipzig

Inhaltsverzeichnis

Lösungen der Aufgaben aus Summa 3 von Kapitel ...

1. Auflage 1 6 5 4 | 2001 2000

Die vorliegende Fassung bezieht sich auf die neu bearbeitete Ausgabe von „Summa 3" mit der ISBN 3-12-802100-7.

Alle Drucke dieser Auflage können im Unterricht nebeneinander benutzt werden, sie sind untereinander unverändert. Die letzte Zahl bezeichnet das Jahr dieses Druckes.

Internetadresse: http://www.klett.de

Druck: Zechnersche Buchdruckerei GmbH & Co. KG, Speyer

ISBN 3-12-802180-5

1 Grundlagen

1.1 Grundbegriffe der Mengenlehre

S. 14–15

1. a) A = {50; 55; 60; ... 110}

   b) B = {8; 27; 64}

   c) C = {1; 2; 3; 4; 6; 9; 12; 18; 36}

   d) D = {36; 49; 64; 81; 100; 121; 144; 169; 196}

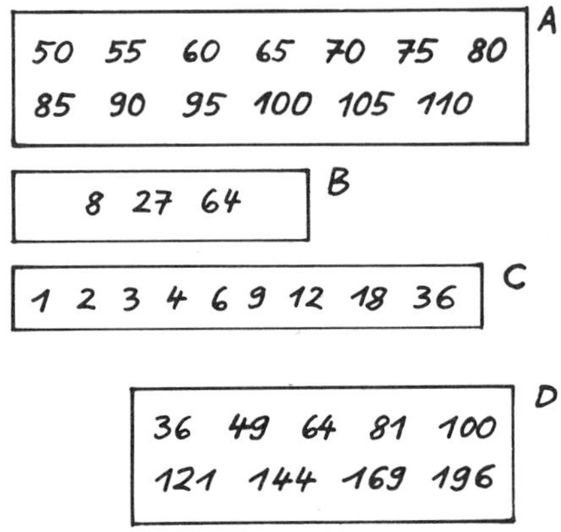

2. a) A = {0; 1; 2; 3; 4; 5; 6}

   b) B = {5; 6; 7; 8; 9}

   c) C = {11}

   d) D = {14; 15; 16; 17 ...}

   e) E = {9; 10}

   f) F = [8; 9; 10; 11; 12; 13}

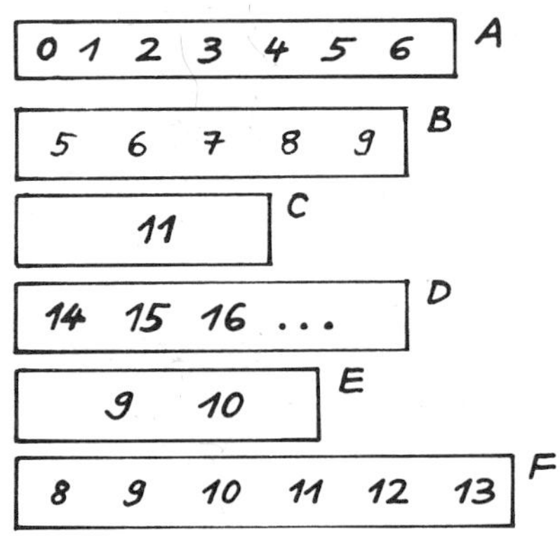

3. a) 3 Elemente, weil $8 = \frac{16}{2}$ und $4 = \frac{16}{4}$ ist.

   b) 1 Element, weil $\frac{1}{3} = \frac{3}{9} = \frac{27}{81}$ ist.

   c) 4 Elemente, weil alle Elemente nur einmal aufgezählt sind.

4. a) A = {1; 4; 9; 16; 25; 36} — A = {x | x ist das Quadrat einer natürlichen Zahl kleiner 7 und größer 0}

   b) B = {7; 9; 11 ...} — B = {x | $x \geq 7$ und $x \in \mathbb{N}^*$ und x ungerade}

   c) C = {0} — C = {x | x = 0 und $x \in \mathbb{N}$}

   d) D = {1; 2; 3 ... 10} — D = {x | $x \leq 10$ und $x \in \mathbb{N}^*$}

5. a) A = {1; 2; 3; 4; 5; 6} — endliche Menge

   b) B = {18; 19; 20; ...} — unendliche Menge

   c) C = { } — leere Menge

   d) E = { } — leere Menge

   e) F = {13; 14; 15; ...} — unendliche Menge

5. f) G = {1} endliche Menge
   g) I = {2; 3; 4; 5; 6; 7; 8; 9; 10} endliche Menge
   h) K = {1; 2; 3; 4; ...} = ℕ* unendliche Menge

6. a) $M_1 = \{1; 2; 4; 5; 8; 10; 20; 40\}$
   b) $M_2 = \{2; 3; 5; 7; 11; 13; 17\}$
   c) $M_3 = \{11; 12; 13; 14; 15; 16\}$
   d) $M_4 = \{a; b; c; d; e; f; g\}$
   e) $M_5 = \{e; i; m; r\}$
   f) $M_6 = \{e; i; m; r\}$
   gleichmächtig sind: $M_2 \sim M_4$
   $M_5 \sim M_6$
   gleich sind: $M_5 = M_6$

7. a) z. B. { }; {4; 8; 12}; {8; 16; 24; ...}
   b) z. B. {27}; {9; 18; 27; ...}; {18; 36; 54; ...}

8. a) 1
   b) 2
   c) 4
   d) 8
   e) 16
   ⇒

9. Die Anzahl x der möglichen Teilmengen ist abhängig von der Anzahl n der Elemente der jeweiligen Menge.
   Es gilt:
   $x = 2^n$

10. a) $A \cap B = \{6; 9\}$ c) $A \cap B = \{4; 5; 6; \ldots 11\}$ e) $A \cap B = \{a; b; c; d; e\}$
    b) $A \cap B = \{a; e\}$ d) $A \cap B = \{\ \}$ f) $A \cap B = \{15\}$

11. a)
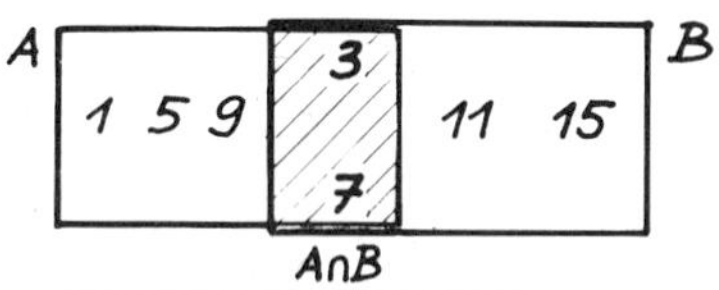

b)
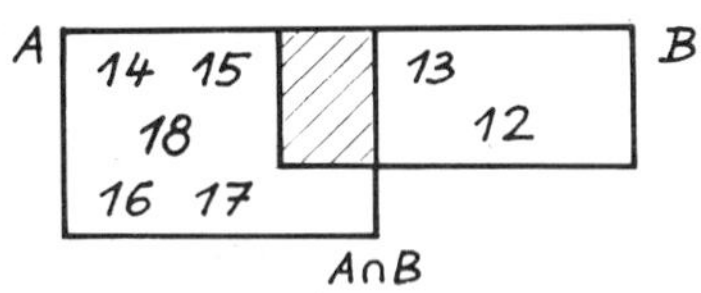

c)
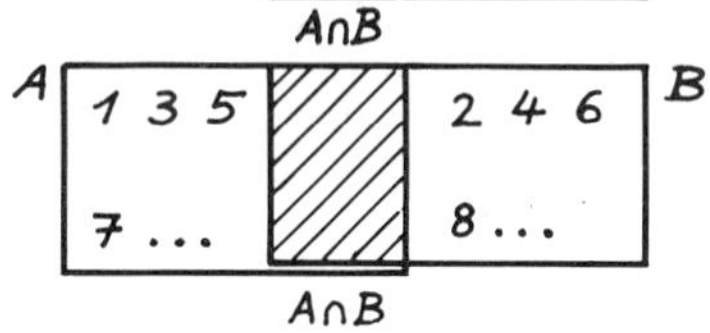

d)
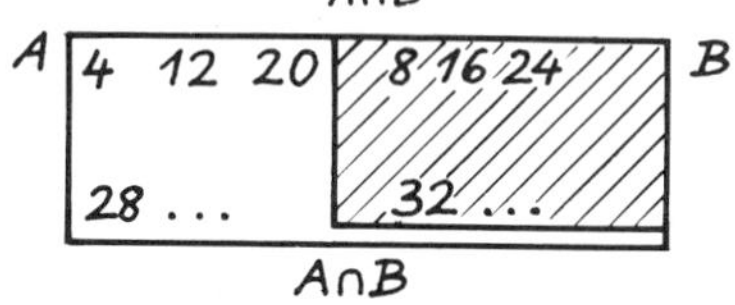

e)
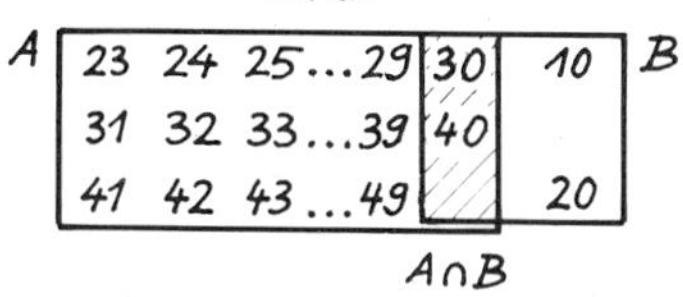

f)
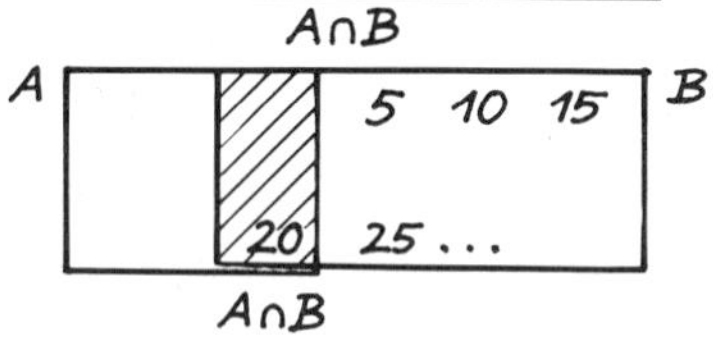

12. a)
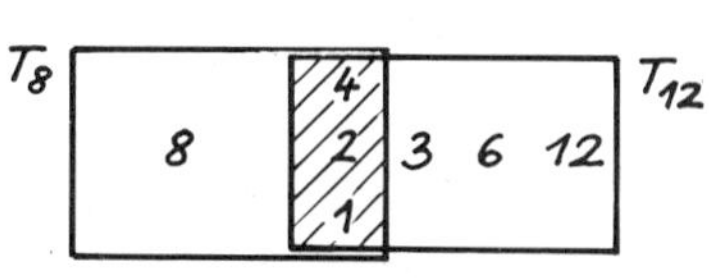

b)
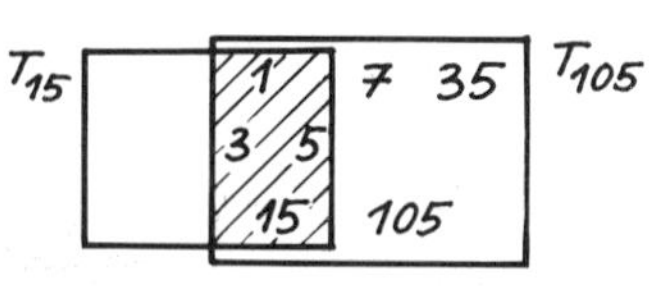

c)
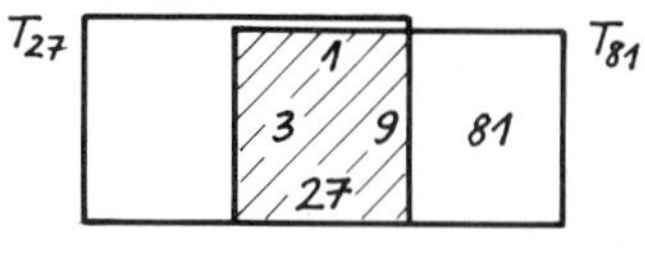

d)
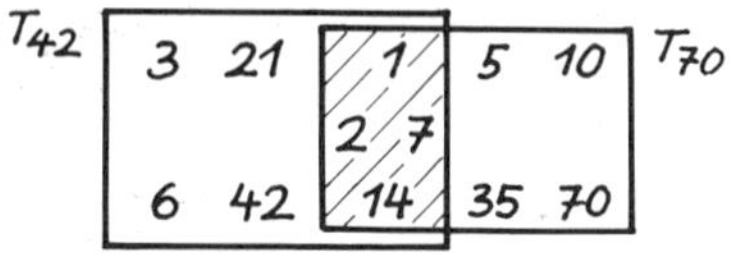

12. e) 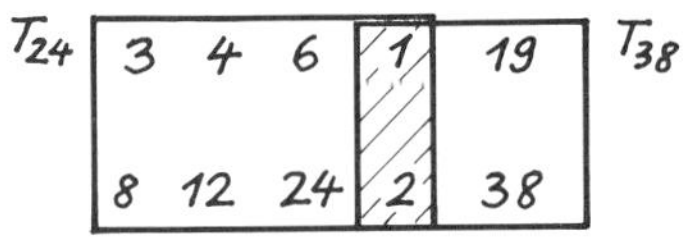

f) 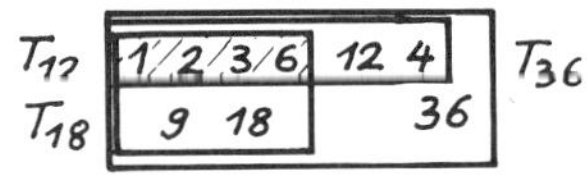

13. a) 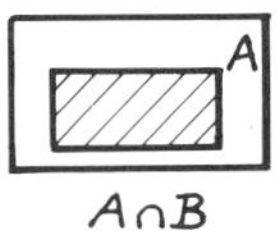

b) 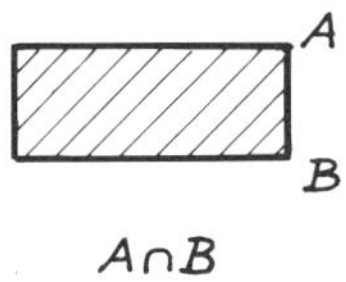

c) 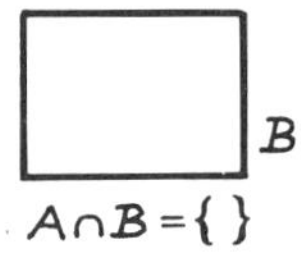

d) 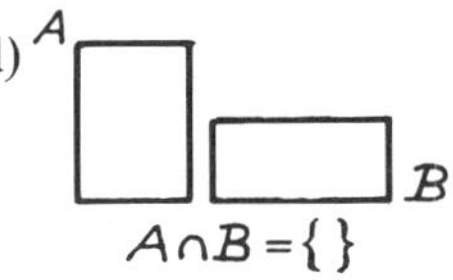

14. a) A ∪ B = {4; 6; 8; 10; 16; 32}

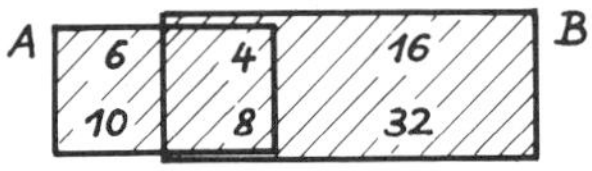

b) A ∪ B = {0; 1; 2; 3; ... 9}

c) A ∪ B = {2; 3; 4; 5; 6; 7; 8}

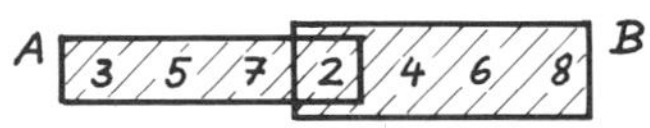

d) A ∪ B = {0; 1; 2; 3; ... 18; 22}

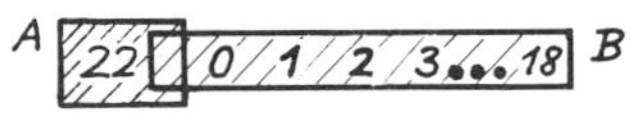

e) A ∪ B = {a; b; c; d; e; f}

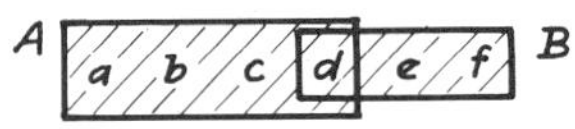

15. a) 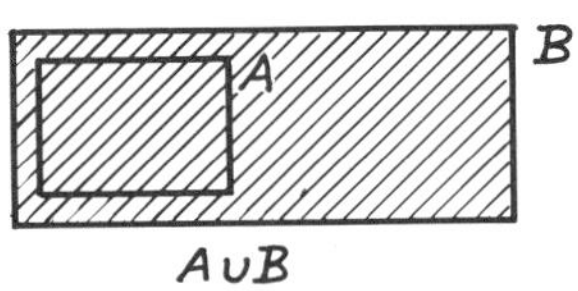

b) 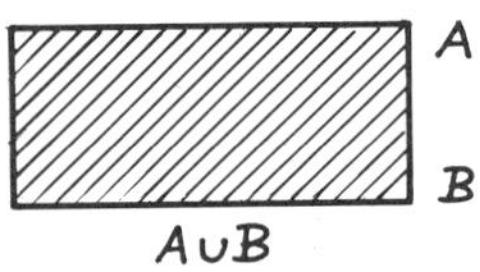

c) 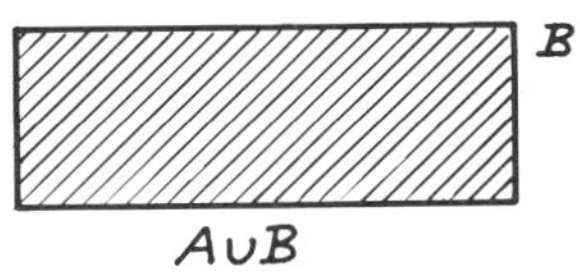

d) 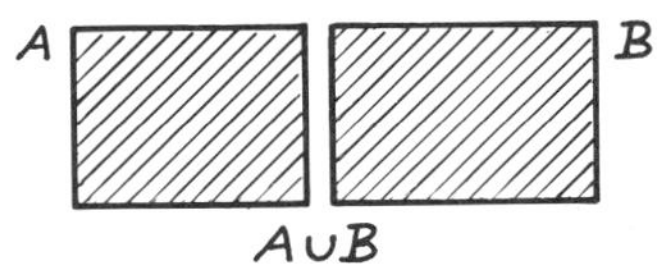

16. a) G \ A = {2; 6; 10; 14}
b) G \ A = {15; 16; 19; 20; 21; 22; 23; 24}
c) G \ A = {17}
d) G \ A = $\{x \mid 19 < x < 100$ und x ist nicht durch 5 teilbar$\}_{\mathbb{N}}$
e) G \ A = {22; 24; 26; ... 208}

1.2 Aussagenlogik

S. 15

1. a) Aussage (F)
   b) Aussage (W)
   c) Aussage (F)
   d) keine Aussage
   e) Aussage (F)

2. a) z. B. G = {x | x ∈ europäische Städte}
   b) z. B. G = {z | z ∈ Schüler der Stadt München}
   c) z. B. G = $\mathbb{Z}$

2. d) z. B. $G = \mathbb{N}$
   e) z. B. $G = \mathbb{N}$
   f) z. B. $G = \{V \mid V \in \text{Bewohner der Bundesrepublik}\}$

3. a) $L_{(x)} = \{1\}$ c) $L_{(y)} = \{1\}$ e) $L_{(x)} = \{6\}$
   b) $L_{(a)} = \{0; 1; 2; 3\}$ d) $L_{(x)} = \{1; 2\}$ f) $L_{(x)} = \{\ \}$

4. a) Eine Konjunktion ist wahr, wenn beide Teilaussagen wahr sind.
   b) Eine Disjunktion ist wahr, wenn eine oder beide Teilaussagen wahr sind.
   c) Eine Implikation ist wahr, wenn die 2. Teilaussage wahr ist oder beide Teilaussagen falsch sind.
   d) Eine Äquivalenz von Aussagen liegt dann vor, wenn beide Teilaussagen wahr oder beide falsch sind.

5.

	a)	b)	c)	d)	e)
und-Verknüpfung	F	W	W	W	W
oder-Verknüpfung	W	W	W	W	W

6. oder-Verknüpfung — und-Verknüpfung
   a) $L_x = \{x \mid x \in \text{Vögel}\}$ — $(L_x = \{x \mid x \in \text{Wasservögel}\})$
   b) $L_a = \{a \mid a < 12\}_{\mathbb{N}}$ — $(L_a = \{2; 3; 4; 5; 6\})$
   c) $L_z = \{z \mid z \in \text{Vierecke}\}$ — $(L_z = \{z \mid z \in \text{Rechtecke}\})$

7. a) $\neg A$: Nicht alle Menschen müssen sterben. A: W; $\neg A$: F
   b) $\neg B$: Der höchste Berg liegt nicht in China. B: F; $\neg B$: W
   c) $\neg C$: $2^4 \neq 16$; C: W; $\neg C$: F
   d) $\neg D$: $7 \cdot 18 \not< 130$; D: W; $\neg D$: F
   e) Ich lüge jetzt nicht; der Wahrheitswert ist nicht entscheidbar, also liegt keine Aussage vor.

1.3 Zahlenmengen

S. 26

1. Die Menge der rationalen Zahlen $\mathbb{Q}$

2. a)
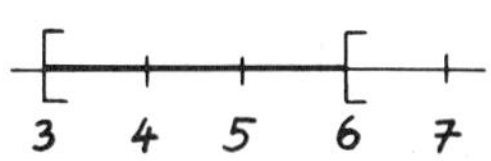

b)
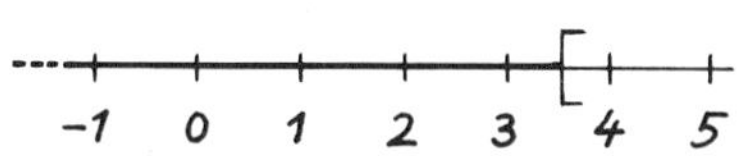

c)
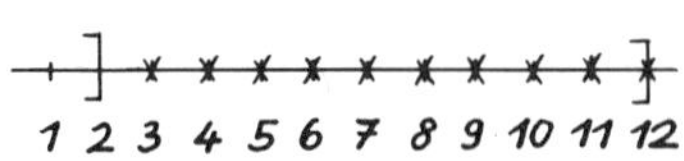

d)
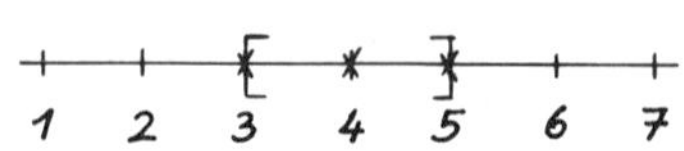

e)
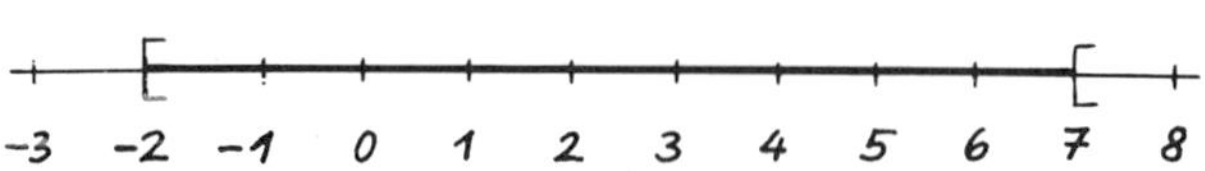

3. Behauptung: $\sqrt{7} \notin \mathbb{Q}$
   Annahme: $\sqrt{7} \in \mathbb{Q}$ dann ist

$$\sqrt{7} = \frac{a}{b}; \quad a \in \mathbb{Z};\ b \in \mathbb{Z}^*;\ \text{a und b teilerfremd}$$

3. $7b^2 = a^2 \Rightarrow$ a enthält den Faktor 7. Man setzt $a = 7r$
$7b^2 = 49r^2$
$b^2 = 7r^2 \Rightarrow$ b enthält den Faktor 7. Das steht aber im Widerspruch zur Voraussetzung, daß a und b teilerfremd seien.

4. Ziel der Definition ist die lückenlos besetzte Zahlengerade. Es wird dadurch erreicht, daß es keine Zahl und keinen Punkt der Zahlengeraden gibt, die nicht durch Intervallschachtelung bestimmt werden können.

5. a) $A = [1{,}5;\ 8{,}7]$ c) $C =]-2;\ 5]$ e) $E = [0;\ 7]$
b) $B =]-4;\ 6[$ d) $D = [-5;\ 3[$ f) $F =]-8;\ 0[$

6. a) $\sqrt{13} \in I_1 = [3;\ 4]$ b) $\frac{23}{9} \in I_1 = [2;\ 3]$
$\sqrt{13} \in I_2 = [3{,}6;\ 3{,}7]$ $\frac{23}{9} \in I_2 = [2{,}5;\ 2{,}6]$
$\sqrt{13} \in I_3 = [3{,}60;\ 3{,}61]$ $\frac{23}{9} \in I_3 = [2{,}55;\ 2{,}56]$

7. a) w b) f c) f d) w e) w f) f g) w

1.4 Rechenoperationen in der Menge $\mathbb{R}$ S. 26–27

1. a) -109 c) $(ab)^4 - 9(ab)^3$ e) $49c^2 + 125c^3 + 625c^4$
b) $9x^2 + 8x^3$ d) 3246 f) $4096b^4 - 1728b^3$

2. a) $-6b^3$ c) $-5a^2bc - 5ab^2c^2 + 13abc^2$
b) $3x^3 + 28y^4 + 4z^2$ d) $13a^3 - a^2 - 5ab$

3. a) 3^{10} d) $30a^5n^8$ g) c^7d^5 k) $(a+b)^{10-2d}$
b) a^7 e) x^{7a} h) $15n^5x^6$ l) $(a+c)^{b+d}$
c) b^9 f) b^{2x-n+m} i) $(m+a)^{6x-2y}$ m) m^{8x-c}

4. a) a^2 d) $(nx+a)^2$ g) $(ax)^x$ k) $a^2 \cdot (a+b)^6$
b) $3^{-2}a^2b^{-2}$ e) $(a+m)^{-1}$ h) $x^{2k-1} \cdot y^3$ l) $\left(\frac{b-c}{a}\right)^2$
c) $3a^2b^4c^3$ f) $(a-b)^4$ i) $a^{n-3}b^{3n-2}c^{2n+3}$

5. a) $b^{12}n^{16}$ h) $6{,}25 + 9b^2 - 15b - 6bc + c^2 + 5c$
b) $3^7x^{14}y^{21}$ i) $a^3 + 3a^2b + 3ab^2 + b^3$
c) $x^{-3}y^{-12}$ k) $8a^3 - 60a^2x + 150ax^2 - 125x^3$
d) b^{-nx} l) $a^4 + 4a^3b - 4a^3d + 6a^2b^2 - 12a^2bd + 6a^2d^2 + 4ab^3 - 12ab^2d + 12abd^2 - 4ad^3 + b^4 - 4b^3d + 6b^2d^2 - 4bd^3 + d^4$
e) a^4b^{-4}
f) $a^{-10} : x^{-5} = x^5 : a^{10}$
g) $a^2 + 4ax + 4x^2$ m) $x^{a^2-b^2}$

6. a) 81 d) $(a^2-b^2)^n$ g) $\left(\frac{x}{y}\right)^{2n+3}$
b) $\frac{1}{a^xb^{2y}}$ e) $a^{2x} + 2 + \frac{1}{a^{2x}}$ h) $(a+b)^n$
c) $\frac{x^3z}{y^3}$ f) $\frac{x^{3n+1}}{y^{3n+2}}$ i) $[(a-b)(x+y)]^c$

7. $\sqrt{x} = -4$ widerspricht der Definition der Quadratwurzel als nichtnegative Zahl.

8. a) $3\sqrt{a}$ d) $0{,}5\sqrt{x} + 3{,}1\sqrt[3]{x}$
b) $(5n - 4a)\sqrt{a}$ e) $(a + b - c)\sqrt[x]{y}$
c) $13{,}5\sqrt[4]{16} = 27$ f) $(n + u)\sqrt{a^3} + (a + m)\sqrt[4]{a^3}$

9. a) 3 c) 6 e) $6a$ g) $60a$ i) $(a+b)^2$
b) a^2 d) 4 f) $4\sqrt[3]{2}$ h) $5a - 6\sqrt{a}(1-a)$

10. a) $5\sqrt{6}$ c) $6\sqrt{2}$ e) $7\sqrt[3]{2}$ g) $(62b - 49c)\sqrt{2}$
b) $3\sqrt[3]{2}$ d) $41ab\sqrt{2}$ f) $144\sqrt{2} + 5\sqrt[3]{2}$ h) $225x\sqrt[3]{2}$

11. a) $\frac{4}{5}$ c) $\frac{x}{2}$ e) $\frac{4}{9b}$ g) $\frac{1}{2}$
b) $\frac{6}{x}$ d) 2 f) $\frac{7}{8}$ h) $\frac{3}{2}$

12. a) $5\sqrt{5}$ c) cd e) $5a^2\sqrt{2}$ g) $(a-b)^2$ i) $4a$
b) b d) $a^2b^4\sqrt{a}$ f) a^3b^4 h) $\sqrt[a]{x}$

13. a) $\frac{343a^2}{2}$ b) $x\sqrt[3]{x}$ c) b^{2a-1} d) $a^3 : b^2$ e) 625 f) $\frac{4}{3}$
g) $\frac{3|ab|}{4|xy|}$ i) $\frac{3|abx|}{4|y|}$ m) s^2 p) $\sqrt[n^2-1]{x^{2n^2+2}}$
h) $\frac{a}{xy} \cdot \sqrt[n]{\frac{a^{2x-2}}{x}}$ k) 5 n) $\sqrt[n]{a+b}$ q) $y \cdot \sqrt[12]{x^{11}y}$
l) 25 o) $ax \cdot \sqrt[6]{ax^5}$

14. a) $\sqrt{3}$ c) $\frac{\sqrt[3]{48}}{4}$ e) $\frac{\sqrt{3}-1}{2}$ g) $\frac{8\sqrt{x} + 4x}{4 - x}$ i) $\frac{(\sqrt{a} + \sqrt{b})^2}{a - b}$
b) $\frac{\sqrt{35}}{7}$ d) $\frac{\sqrt{xy}}{y}$ f) $\frac{a + 2\sqrt{a}}{a - 4}$ h) $(\sqrt{3} - \sqrt{2})^2 = 5 - 2\sqrt{6}$

15. a) 2 b) $\sqrt[6]{250x}$ c) a d) 1 e) $\sqrt[2a]{a^5}$ f) $\frac{1}{10}$

16. a) 8 b) 3 c) -2 d) -4 e) -4 f) 0

17. a) $x > 10$ b) $x < e$ c) $x < 5$

18. a) $\log_a c = x$ c) $\log_{0,25} 0{,}0625 = x$ e) $\log_4 64 = 3$ g) $\log_6 36 = 2$
b) $\text{lb}\,16 = x$ d) $\log_{(a+b)} u = y$ f) $\log_3 \frac{1}{3} = -1$ h) $\lg 0{,}01 = -2$

19. a) $3^x = 81$ $L_x = \{4\}$ d) $x^1 = 3$ $L_x = \{3\}$
b) $3^{-1} = x$ $L_x = \left\{\frac{1}{3}\right\}$ e) $10^x = 0{,}1$ $L_x = \{-1\}$
c) $4^x = 1$ $L_x = \{0\}$ f) $a^0 = x$ $L_x = \{1\}$

20. a) 3,43068 b) $-5{,}00337$ c) 5,32193

21. a) $\frac{1}{3}(\log a + 5\log b) - 3\log c$

b) $0{,}25(\log u + 3\log v - 2\log w)$

c) $\frac{1}{3}\left(a\log m + \frac{1}{b}\log n\right) - c\log x - d\log y$

22. a) $\lg \sqrt[3]{a^2}\cdot\sqrt{a+x}$

c) $\lg \frac{1}{ab^2\cdot\sqrt[3]{c}}$

b) $\lg \frac{10a^3}{\sqrt[3]{xy}}$

23. Logarithmen sind Exponenten, daher gelten die Potenzgesetze für Potenzen mit gleicher Basis (z. B. $a^n a^m = a^{n+m}$).

1.5 Gleichungen und Ungleichungen

S. 37–38

1. Eine Probe ist unnötig, wenn beim Lösen der Aussageform nur Äquivalenzumformungen durchgeführt worden sind.

2. a) $L_x = \{4\}$ d) $L_x = \{-5\}$ g) $L_x = \{-8\}$ k) $L_x = \{a-b\}$

b) $L_x = \{-2\}$ e) $L_x = \{10\}$ h) $L_x = \left\{-\frac{5}{3}\right\}$ l) $L_x = \{a^2\}$

c) $L_x = \{-2{,}25\}$ f) $L_x = \{2\}$ i) $L_x = \left\{\frac{4}{3}\right\}$

3. a) $L_x = \{x\in\mathbb{R} \mid x<7\}$ e) $L_x = \{x\in\mathbb{R} \mid x>-2\}$

b) $L_x = \left\{x\in\mathbb{R} \mid x<-\frac{11}{17}\right\}$ f) $L_x = \{x\in\mathbb{R} \mid x<3\}$

c) $L_x = \{x\in\mathbb{R} \mid x<4\}$ g) $L_x = \left\{x\in\mathbb{R} \mid x>\frac{29}{34}\right\}$

d) $L_x = \{x\in\mathbb{R} \mid x>-4\}$

4. Aufzählende Form ist in der Regel nur möglich bei Grundmenge $\mathbb{N}$ oder $\mathbb{Z}$.

5. a) $D = \mathbb{R}\setminus\{3\}$ $L_x = \{5\}$

b) $D = \mathbb{R}^*$ $L_x = \left\{\frac{1}{3}\right\}$

c) $D = \mathbb{R}\setminus\{-2; 2\}$ $L_x = \{1{,}28125\} = \left\{\frac{41}{32}\right\}$

d) $D = \mathbb{R}\setminus\{-2; -3\}$ $L_x = \{-3{,}2\}$

e) $D = \mathbb{R}\setminus\left\{-\frac{3}{13}\right\}$ $L_x = \{3\}$

f) $D = \mathbb{R}^*\setminus\{-1\}$ $L_x = \{-2{,}5\}$

g) $D = \mathbb{R}\setminus\left\{-3; -\frac{5}{3}\right\}$ $L_x = \{-2{,}2\}$

5. h) $D = \mathbb{R}\setminus\{4\}$ $\quad L_x = \{2\}$
   i) $D = \mathbb{R}\setminus\{-2; 2\}$ $\quad L_x = \{\ \}$
   k) $D = \mathbb{R}^*$ $\quad L_x = \left\{\frac{a}{2}\right\}$

6. $L \subseteq D \subseteq G$

7. a) $D = \mathbb{R}\setminus\{1\}$ $\quad L_x = \{x \in \mathbb{R} \mid 1 < x < 3\}$
   b) $D = \mathbb{R}\setminus\{1\}$ $\quad L_x = \{x \in \mathbb{R} \mid x < 1 \vee x \geq 3\}$
   c) $D = \mathbb{R}\setminus\{1\}$ $\quad L_x = \{x \in \mathbb{R} \mid x < -3 \vee x > 1\}$
   d) $D = \mathbb{R}\setminus\{2\}$ $\quad L_x = \{x \in \mathbb{R} \mid x < 2 \vee x > 4\}$
   e) $D = \mathbb{R}\setminus\{3\}$ $\quad L_x = \{x \in \mathbb{R} \mid 3 < x < 7{,}2\}$
   f) $D = \mathbb{R}\setminus\{0{,}4\}$ $\quad L_x = \left\{x \in \mathbb{R} \mid x < 0{,}4 \vee x > \frac{13}{17}\right\}$

8. Und-Verknüpfungen der jeweiligen Bedingung (aus der Fallunterscheidung) mit dem zugehörigen Teilergebnis ergeben die Beschreibungen der Teillösungsmengen. Oder-Verknüpfung dieser Beschreibungen ergibt die Beschreibung der (Gesamt-) Lösungsmenge.

9. a) $L_x = \{-\sqrt{2}; \sqrt{2}\}$
   b) $L_x = \{-2; 2\}$
   c) $L_x = \{2; 5\}$
   d) $L_x = \{-1\}$
   e) $L_x = \{-12{,}44; -0{,}56\}$
   f) $L_x = \{-1{,}25; 1\}$
   g) $L_x = \{0; 3\}$
   h) $L_x = \{1{,}243; 7{,}243\}$
   i) $L_x = \left\{-\frac{2}{3}; 2\right\}$
   k) $L_x = \{-2{,}071; 12{,}071\}$
   l) $L_x = \{\ \}$
   m) $L_x = \{1\}$
   n) $D = \mathbb{R}\setminus\{3\}$ $\quad L_x = \{-1; 7\}$
   o) $D = \mathbb{R}^*\setminus\left\{\frac{5}{3}\right\}$ $\quad L_x = \{2{,}5; 3\}$
   p) $D = \mathbb{R}^*\setminus\{-1; 1\}$ $\quad L_x = \{-0{,}414; 2{,}414\}$
   q) $D = \mathbb{R}^*$ $\quad L_x = \{2; 3\}$
   r) $D = \mathbb{R}\setminus\{-6; 6\}$ $\quad L_x = \{3\}$

10. Die Gleichung hat genau eine Lösung.

11. a) $x^2 + 6x - 11{,}25 = 0$
    b) $x^2 - x - 3{,}75 = 0$
    c) $x^2 - 2 = 0$
    d) $x^2 - 8x + 16 = 0$

12. a) $(x - 0{,}5)\left(x + \frac{1}{3}\right) = x^2 - \frac{1}{6}x - \frac{1}{6} \neq \frac{1}{6}(6x^2 + 5x + 1)$, also falsch gelöst!
    b) $\left(x + \frac{5}{3}\right)(x - 1) = x^2 + \frac{2}{3}x - \frac{5}{3} = \frac{1}{3}(3x^2 + 2x - 5)$, also richtig gelöst!

13. a) $L_x = \left\{\frac{1}{3}; \frac{17}{3}\right\}$
    b) $L_x = \{-2{,}4; 4\}$
    c) $L_x = \{-4; 1\}$
    d) $L_x = \left\{-\frac{20}{3}; 8\right\}$

14. a) $L_x =]1; 9[$
    b) $L_x = \{x \in \mathbb{R} \mid x \leq 2 \vee x \geq 14\}$
    d) $L_x = \{2\}$
    e) $L_x = \mathbb{R}\setminus\{0{,}4\}$

14. c) $L_x = \{x \in \mathbb{R} \mid x < -8{,}25 \vee x > 4{,}25\}$ f) $L_x = \left[\frac{5}{3}; \frac{25}{3}\right]$

15. a) $L_x = \{x \in \mathbb{R} \mid x < 0 \vee x > 4\}$
b) $L_x =]-3; 4[$
c) $L_x = \{x \in \mathbb{R} \mid x < -6 \vee x > 6\}$
d) $L_x = \{x \in \mathbb{R} \mid x < -3 \vee x > -2\}$
e) $L_x = \{x \in \mathbb{R} \mid x < -3{,}5 \vee x > 2{,}5\}$
f) $L_x = \mathbb{R}$

16. a) $L_g = \{0; 4\}$ $L_u = [0; 4]$
b) $L_g = \{-3; 1\}$ $L_u = \{x \in \mathbb{R} \mid x \leq -3 \vee x \geq 1\} = \mathbb{R} \setminus]-3; 1[$
c) $L_g = \{\ \}$ $L_u = \{\ \}$
d) $L_g = \{-5; 5\}$ $L_u = \{x \in \mathbb{R} \mid x < -5 \vee x > 5\} = \mathbb{R} \setminus [-5; 5]$
e) $L_g = \{\ \}$ $L_u = \{\ \}$

Die Lösungen der Gleichungen sind Intervallgrenzen für die Lösungsmenge der Ungleichung. Hat die Gleichung keine Lösung, so ist die Lösungsmenge der Ungleichung entweder ebenfalls leer oder gleich der gesamten Definitionsmenge.

17. a) $L_x = \{256\}$
b) $L_x = \{80\}$
c) $L_x = \{64\}$
d) $L_x = \{70\}$
e) $L_x = \{\ \}$
f) $L_x = \{9\}$
g) $L_x = \{50\}$
h) $L_x = \{4\}$
i) $L_x = \{10\}$
k) $L_x = \{25\}$
l) $L_x = \{\ \}$
m) $L_x = \{\ \}$
n) $L_x = \{1; 13\}$
o) $L_x = \{5\}$
p) $L_x = \left\{\frac{n^2 + 2n + 1}{4}\right\}$
q) $L_x = \{a^2 - 2ab + b^2\}$
r) $L_x = \{a\}$

18. Man kann die Definitionsmenge der Aussageform bestimmen und die Ergebnisse des Lösungsganges mit der Definitionsmenge vergleichen: $D = \{x \in \mathbb{R}_+ \mid x \leq 40\}$ und Ergebnis $x \leq 39$. Dabei muß man sich auf Stichproben beschränken, oder aber man prüft alle nichtäquivalenten Umformungen nach (Quadrieren).

19. a) $L_x = \{1\}$
b) $L_x = \{0\}$
c) $L_x = \{-1\}$
d) $L_x = \{0{,}66\}$
e) $L_x = \{1\}$
f) $L_x = \{-6\}$
g) $L_x = \{-5{,}162\}$
h) $L_x = \{1000\}$
i) $L_x = \{0{,}361\}$
k) $L_x = \{-2\}$
l) $L_x = \{-8\}$
m) $L_x = \{5\}$
n) $L_x = \{1{,}0721\}$
o) $L_x = \{3\}$
p) $L_x = \{-21{,}0942\}$

20. a) $L_x = \{x \in \mathbb{R} \mid x > 7{,}452\}$ b) $L_x = \{x \in \mathbb{R} \mid x \geq 7{,}579\}$

21. a) $L = \{(2{,}3; 2{,}9)\}$
b) $L = \{(x; y) \mid y = 0{,}5x - 1 \wedge x, y \in \mathbb{R}\}$
c) $L = \{(-2; 0)\}$
d) $L = \{(3; 2)\}$
e) $L = \{(13; 5)\}$
f) $L = \{(5{,}25; 2{,}25)\}$
g) $L = \{\ \}$
h) $L = \left\{\left(-\frac{11}{23}; \frac{15}{23}\right)\right\}$
i) $L = \{(0; 0)\}$
k) $L = \left\{\left(0{,}5; -\frac{2}{3}; 9{,}75\right)\right\}$
l) $L = \left\{\left(0{,}5; -\frac{2}{3}; 0{,}75\right)\right\}$
m) $L = \{(-0{,}5; 2{,}5; -3)\}$
n) $L = \{(2; -2; 3)\}$
o) $L = \left\{\left(-\frac{1}{32}; \frac{3}{4}; \frac{3}{2}\right)\right\}$
p) $L = \{0{,}375; 2; 3)\}$

Prüfen Sie Ihr Wissen zu Kapitel 1

S. 39

1. $A \cup B = \{x \in \mathbb{R} \mid -2 \leq x \leq 4\}$

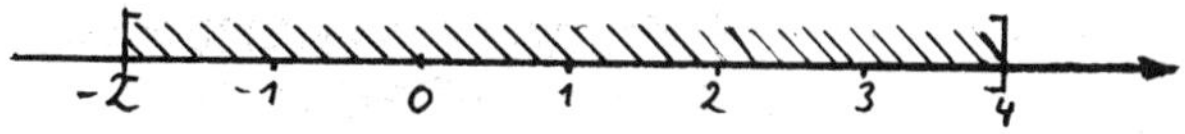

$A \cap B = \{x \in \mathbb{R} \mid 0 \leq x < 4\}$

$B \setminus A = \{4\}$

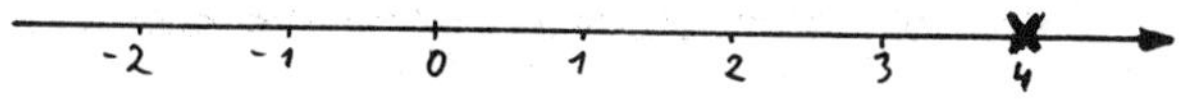

2. „$\cup$“ (Vereinigung) entspricht „$\vee$“ (oder).
„$\cap$“ (Durchschnitt) entspricht „$\wedge$“ (und).

3. a) w b) w c) f d) w e) w

4. a) $17 \in \mathbb{N}^*$ b) $-1{,}5 \in \mathbb{Q}$ c) $\mathbb{N} \subseteq \mathbb{Q}$ d) $\mathbb{Q} \not\subseteq \mathbb{Z}$ e) $0{,}2 \notin \mathbb{N}$ f) $3 \in \mathbb{Q}$

5. a) $A = [-2; \infty[$ b) $B = [0; 7[$ c) $C =]0; 10]$

6. a) x^{4n^2-1}

b) $(xy-1)^{-n} = \dfrac{1}{(xy-1)^n}$

c) $\left(\dfrac{z}{s}\right)^{3n+1}$

d) $\dfrac{x^4}{y^2}$

e) $-4u^{-2}v^{-2} = \dfrac{-4}{(uv)^2}$

f) $32b^2 - 24ab$

g) $\dfrac{7ay^3}{6b^3x}$

h) abc, falls x ungerade ist.
$|abc|$, falls x gerade ist.

i) a^6

7. a) $\dfrac{\lg 100}{\lg 2} = \dfrac{2}{\lg 2} = 6{,}644$ b) $\dfrac{\lg 100}{\lg 9} = \dfrac{2}{\lg 9} = 2{,}096$

8. a) $x < 2$ b) $x \geq 7$ c) $x > 1$

9. a) $m \log a + \dfrac{1}{n} \log b - \dfrac{1}{2} (\log d + x \log c)$

b) $3 \log b - \dfrac{1}{5} (6 \log a + \log c)$

10. a) $\dfrac{\sqrt[3]{x^2+y}}{\sqrt{x^3}}$ b) $\dfrac{1}{p\sqrt{q}\,r^4}$

11. Man muß mit dem Hauptnenner der Bruchungleichung multiplizieren, der aber größer oder kleiner als Null sein kann. Die Fallunterscheidung berücksichtigt beide Möglichkeiten.

12. a) $L_x = \{-b\}$, wenn $am \neq bc$;
$L_x = \mathbb{R}$, wenn $am = bc$

b) $L_x = \left\{\dfrac{2a^2 + 2ab + 4b}{a+1}\right\}$ $a \neq -1$

c) $L_x = \{x \in \mathbb{R} \mid x \geq -2\}$

d) $L_x = \{x \in \mathbb{R} \mid x < -3{,}5\}$

e) $D = \mathbb{R} \setminus \left\{\dfrac{4}{5}; 4\right\}$ $L_x = \left\{\dfrac{12}{7}\right\}$

f) $D = \mathbb{R} \setminus \{1\}$ $L_x = \{x \in \mathbb{R} \mid x < 1 \vee x > 5\}$

g) $D = \mathbb{R} \setminus \left\{\dfrac{5}{3}\right\}$ $L_x = \left\{x \in \mathbb{R} \mid \dfrac{5}{3} < x < \dfrac{18}{7}\right\}$

12. h) $L_x = \{-8{,}6;\ 7\}$
i) $L_x = \{\ \}$
k) $D = \mathbb{R} \setminus \{-4;\ 4\}$ $\quad L_x = \{2\}$
l) $L_x = \{x \in \mathbb{R} \mid x \leq 1{,}354 \vee x \geq 6{,}646\}$
m) $L_x = \{-13;\ -8\}$
n) $L_x = \{\ \}$
o) $L_x = \{0;\ 4\}$
p) $L_x = \{1\}$
q) $L_x = \{1{,}5\}$
r) $L_x = \{22{,}094\}$

13. a) $L = \left\{\left(\frac{11}{15};\ 0{,}2\right)\right\}$
b) $L = \left\{\left(\frac{40}{3};\ \frac{64}{3}\right)\right\}$
c) $L = \{(x;\ y) \mid y = 3x + 5 \wedge x, y \in \mathbb{R}\}$
d) $L = \{(6;\ -0{,}5)\}$
e) $L = \left\{\left(0{,}345;\ 0{,}075;\ \frac{1}{6}\right)\right\}$

2 Funktionen

2.1 Relationen

S. 48

1. a)

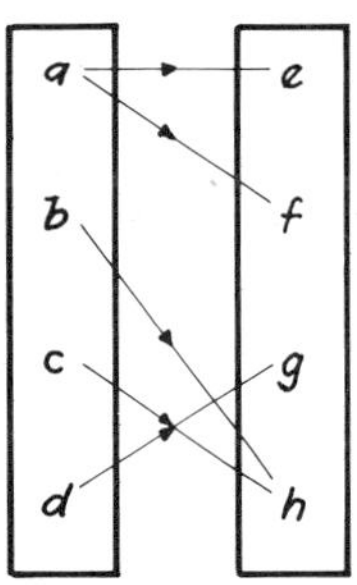

nicht eindeutig

b)

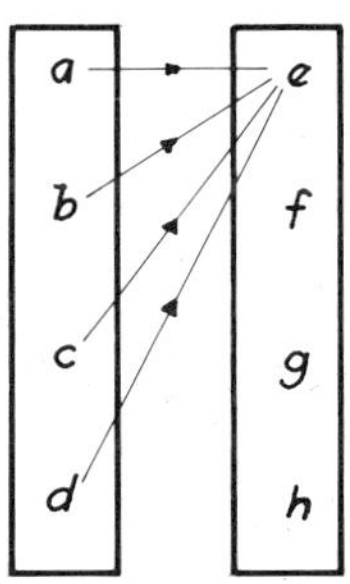

eindeutig

c)

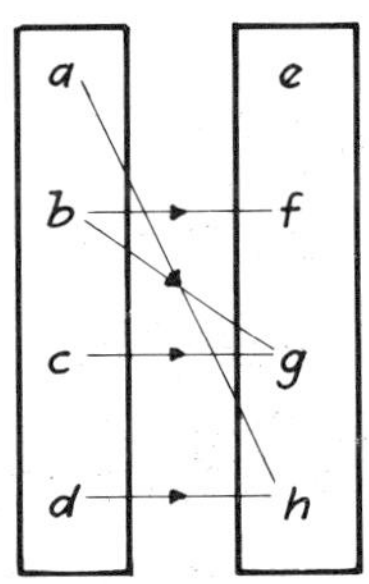

nicht eindeutig

d)

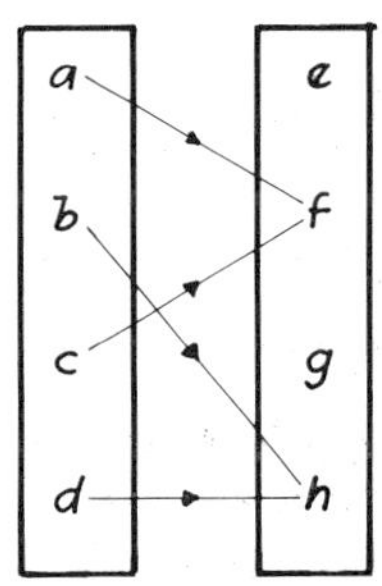

eindeutig

e)

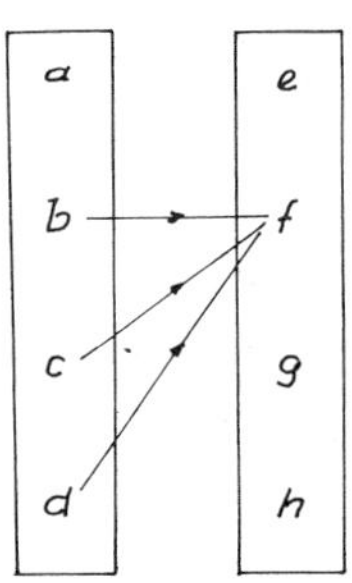

nicht eindeutig

f)

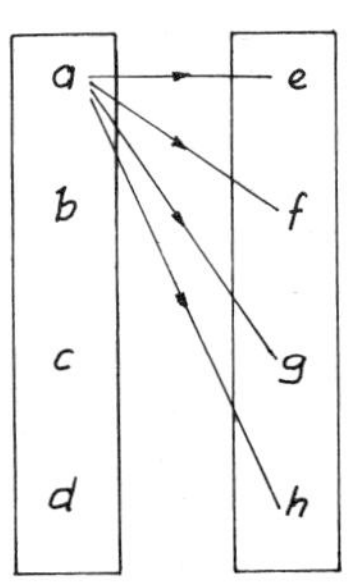

nicht eindeutig

g)

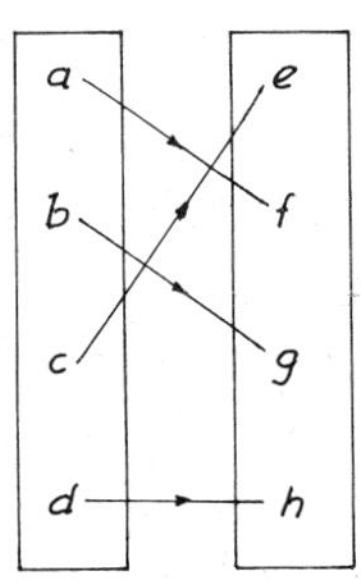

eindeutig

2. a)

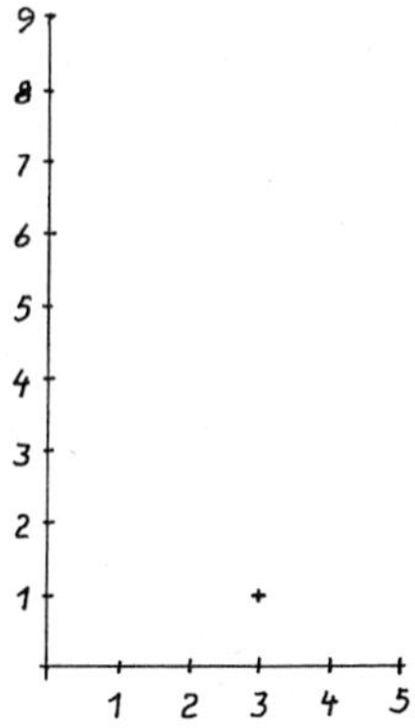

R = {(3; 1)}

b)

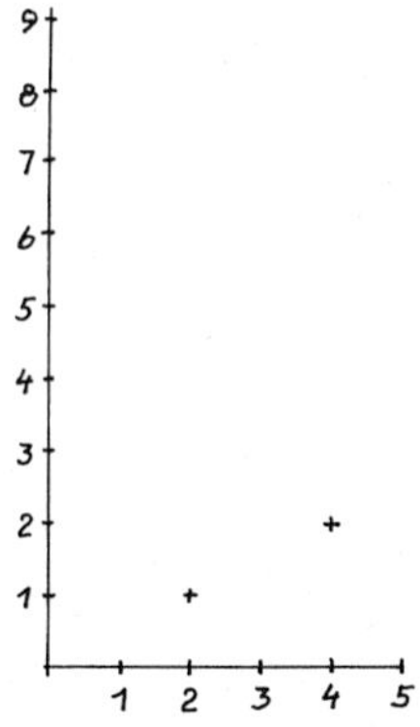

R = {(2; 1); (4; 2)}

c)

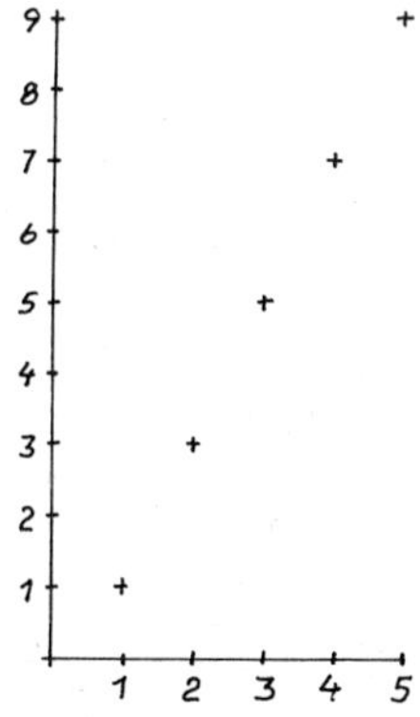

R = {(1; 1); (2; 3); (3; 5); (4; 7); (5; 9)}

d)

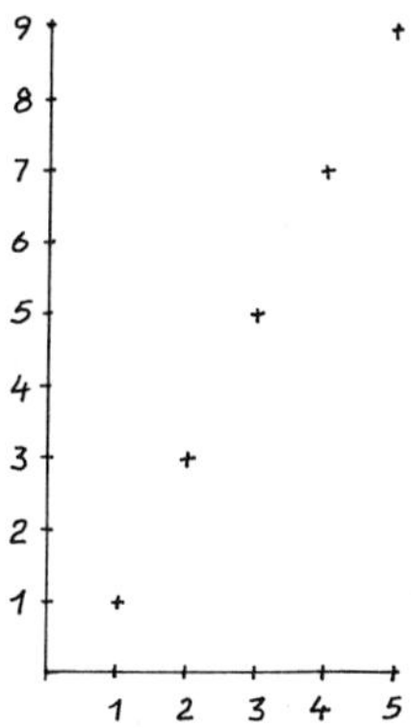

R = {(1; 1); (2; 3); (3; 5); (4; 7); (5; 9)}

e)

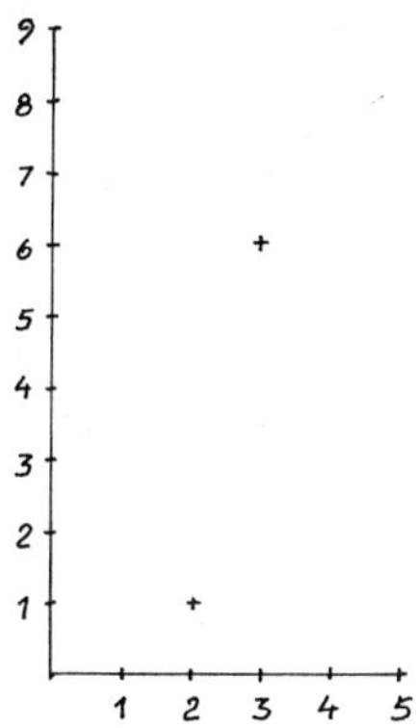

R = {(2; 1); (3; 6)}

f)

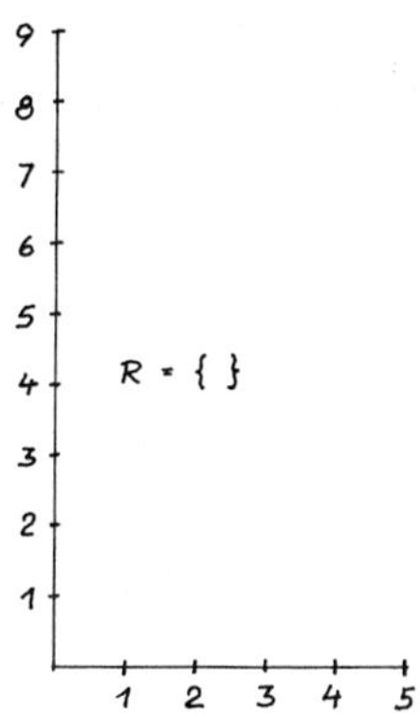

R = { }

2.2 Der Funktionsbegriff

S. 48

1. a) kein Funktionsgraph
   b) kein Funktionsgraph
   c) Funktionsgraph
   d) Funktionsgraph (wenn $D = \mathbb{Z}$)

2. a)

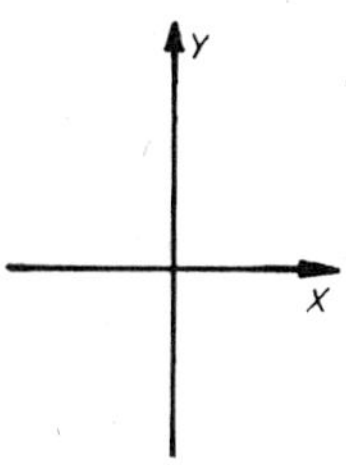

b)

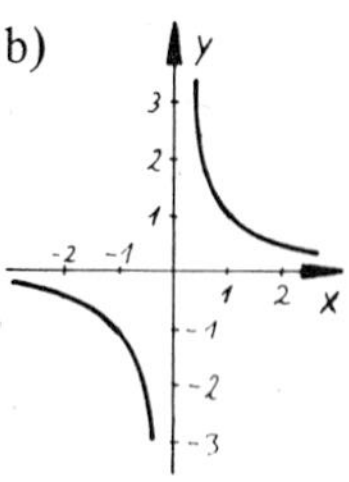

c)

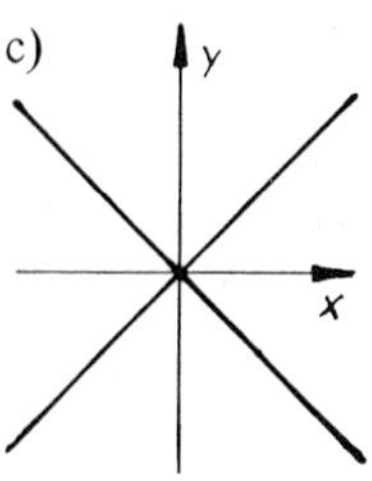

d)

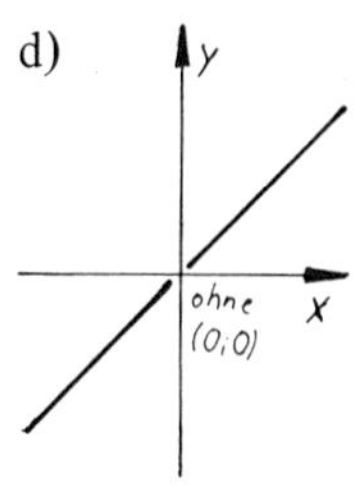

3. Pfeildiagramm: Von jedem $x \in D$ geht genau ein Pfeil aus.

   Wertetabelle (aufzählende Form): Jeder x-Wert kommt genau einmal vor.

   Schaubild: Der Graph hat mit jeder Parallelen zur y-Achse höchstens einen Schnittpunkt.

   Beschreibende Form (D; Zuordnungsvorschrift und W): Für jedes $x \in D$ ergibt die Zuordnungsvorschrift eindeutig genau ein $y \in W$.

4. a) keine Funktion (Es sind die Punkte (0; 2) und (0; 4) vorhanden.)
   b) keine Funktion (Es sind die Punkte (2; 0) und (2; −1) vorhanden.)

5. a) nein, weil die Definitionsmengen verschieden sind;
   b) ja, denn D stimmt überein und $2(x+1)^2-2=2x^2+4x$.

2.3 Lineare Funktionen

S. 49

1. a)
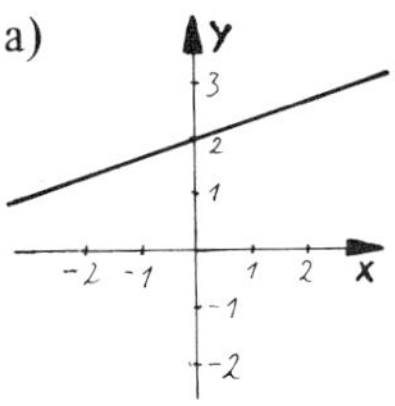

b)
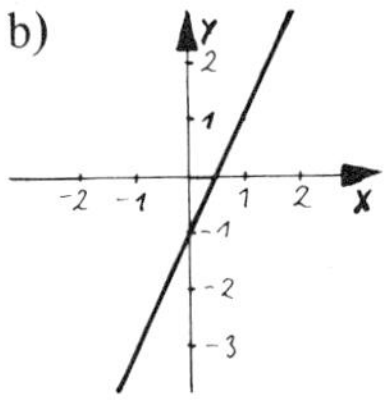

c)
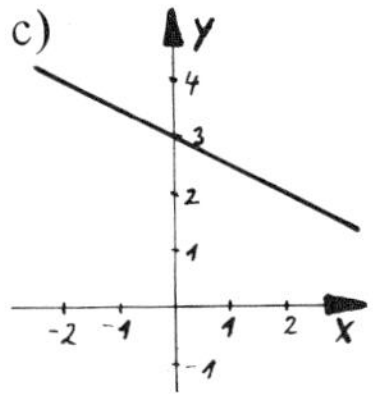

d)
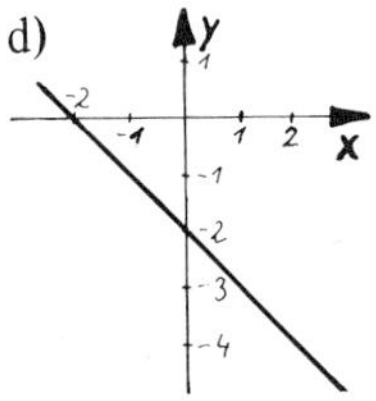

$y=\frac{1}{3}x+2$ $\quad$ $y=2x-1$ $\quad$ $y=-0{,}5x+3$ $\quad$ $y=-x-2$

2. a)
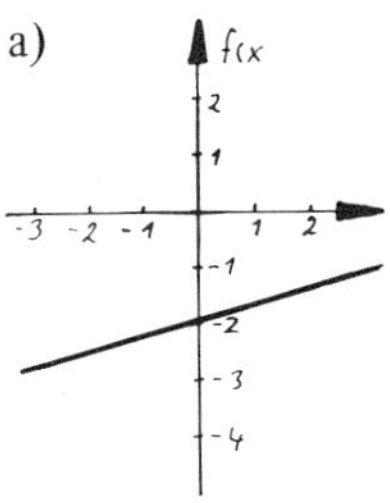

b)
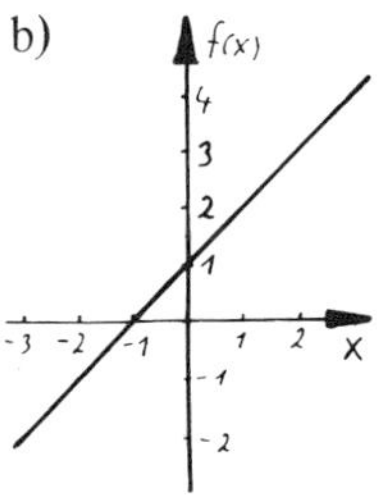

c)
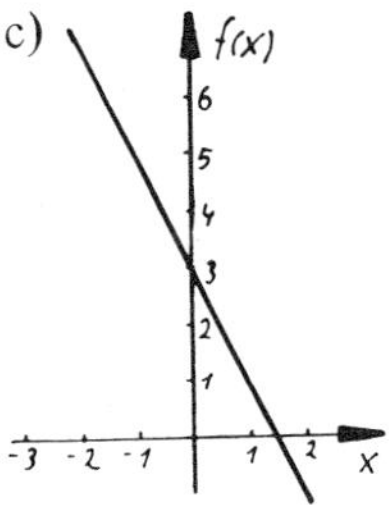

d)
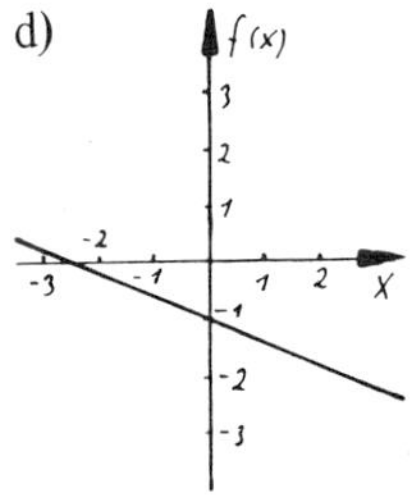

$y=0{,}25x-2$ $\quad$ $y=x+1$ $\quad$ $y=-2x+3$ $\quad$ $y=-0{,}4x-1$

3. a) $f(x)=\frac{2}{3}x+3$ $\qquad$ b) $f(x)=-\frac{4}{3}x-5$

4. a) $f(x)=-\frac{2}{3}x-4$ $\qquad$ b) $f(x)=0{,}6x-3$

5. a) $f(x)=x-2$ $\qquad$ c) $f(x)=-2x-2$ $\qquad$ e) $f(x)=-3x+2$
   b) $f(x)=0{,}6x-3$ $\qquad$ d) $f(x)=2x+3$ $\qquad$ f) $f(x)=2x-1$

6. a) $S_x(0{,}5;\ 0)$ $\quad$ $S_y(0;\ -1)$ $\qquad$ e) $S_x(15;\ 0)$ $\quad$ $S_y(0;\ 5)$
   b) $S_x(0{,}667;\ 0)$ $\quad$ $S_y(0;\ 2)$ $\qquad$ f) $S_x(0{,}7273;\ 0)$ $\quad$ $S_y(0;\ -0{,}1818)$
   c) $S_x(2;\ 0)$ $\quad$ $S_y(0;\ 0{,}5)$ $\qquad$ g) $S_x(0{,}75;\ 0)$ $\quad$ $S_y(0;\ -3)$
   d) $S_x(3{,}5;\ 0)$ $\quad$ $S_y(0;\ -7)$

7. $f(x)=0{,}5x$; $D=[-2;\ 4]$; $\qquad$ $W=[-1;\ 2]$

8. a) S(0,6; 0,2)
   b) S(3,33; −0,33)
   c) S(−6; −29)
   d) S(3; −5)
   e) S(5,71; 3,14)
   f) S(−35; 17)

9. 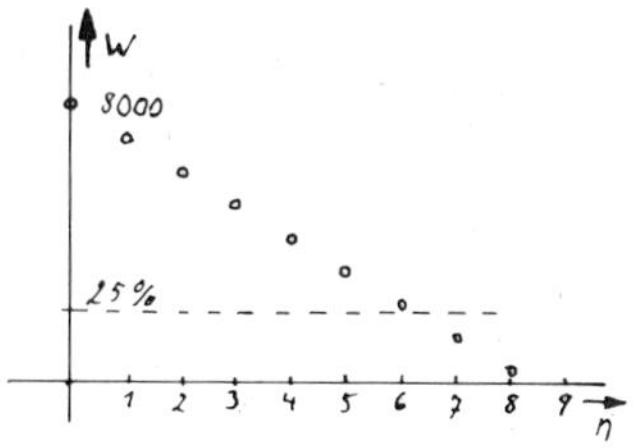

Buchwert w; Anzahl der Jahre n;
f: $w = -0{,}12 \cdot 8000 \cdot n + 8000$; $D = \mathbb{N}$

Ganz abgeschrieben nach 9 (8,33) Jahren, auf 25 % abgeschrieben nach 7 (6,25) Jahren.

10. $a = \frac{5}{7} \frac{\text{N}}{\text{mm}}$

11. 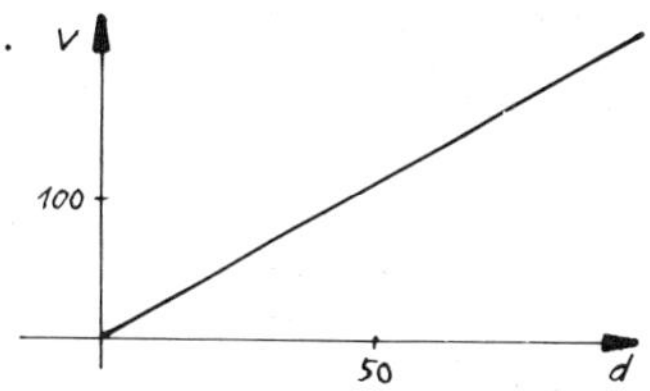

d in mm; v in $\frac{\text{m}}{\text{min}}$

f: $v = \frac{700 \cdot \pi}{1000} \cdot d$; $D = \mathbb{R}_+$

Bei d = 20 mm ist v = 43,98 m/min;
v = 200 m/min bei d = 90,95 mm.

12. f: $l = 0{,}00024 \cdot t + 19{,}9943$ bzw. $f(x) = 0{,}00024x + 19{,}9952$
Die Steigung ist die Wärmeausdehnung des Rohres in m/K.

13. 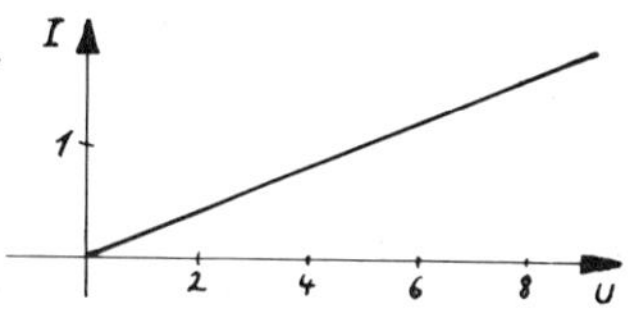

$I = \frac{U}{R} = \frac{1}{R} \cdot U$

f: $I = \frac{1}{5} U$

14. Alle Parallelen zur f(x)-Achse.

2.4 Quadratische Funktionen

S. 56, 57

1. a) 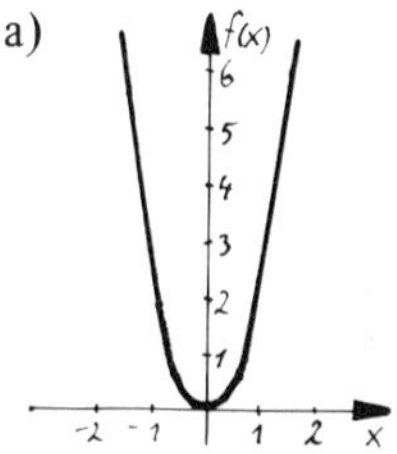

gestreckt mit $a = 2{,}5$

b) 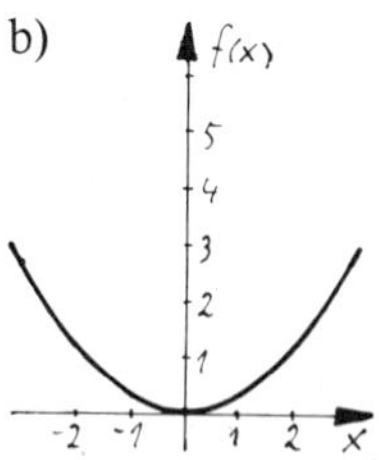

gestaucht mit $a = 0{,}3$

c) 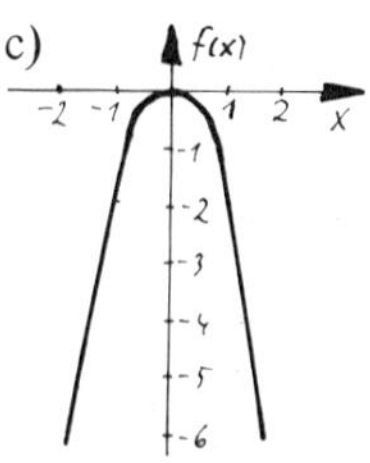

gestreckt mit $a = -2$

d) 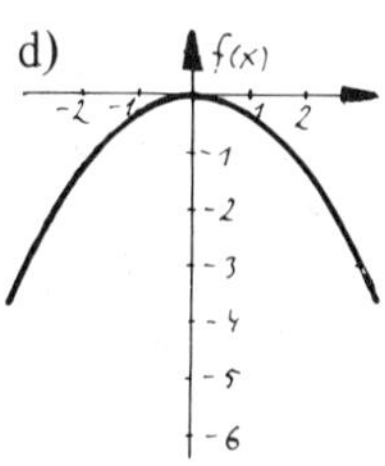

gestaucht mit $a = -\frac{1}{3}$

2. a)

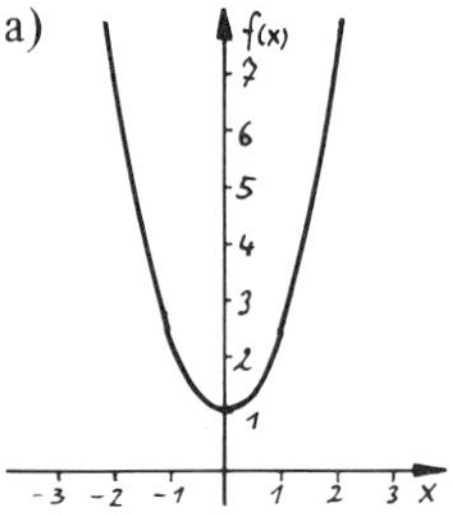

gestreckt mit a = 1,5
S (0 | 1)

b)

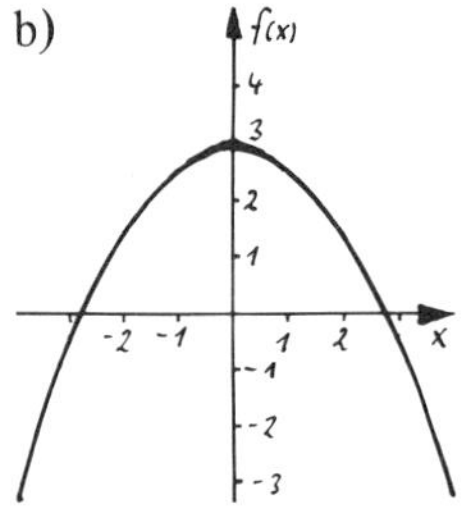

gestaucht mit a = –0,4
S (0 | 3)

c)

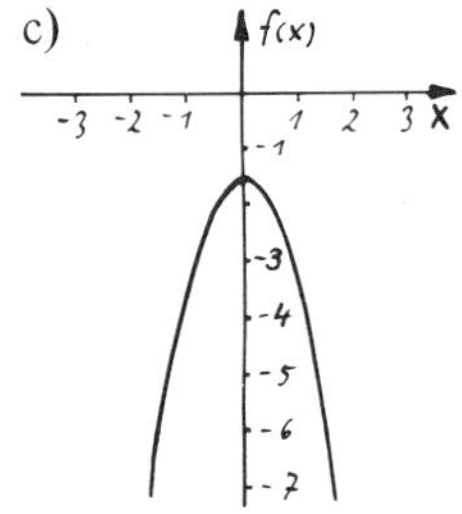

gestreckt mit a = –2
S (0 | –1,5)

3. a)

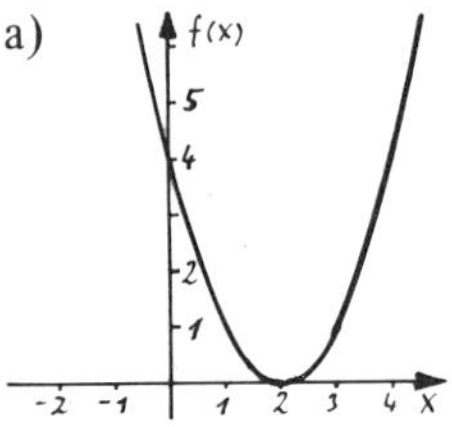

Normalparabel
S (2 | 0)

b)

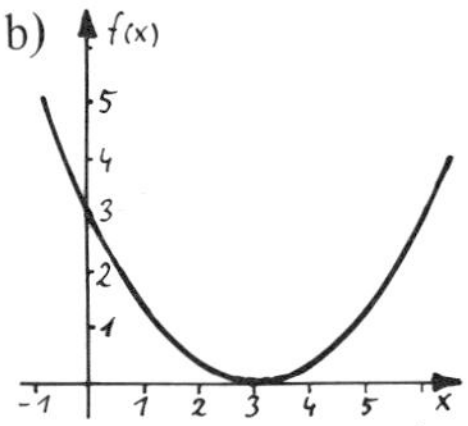

gestaucht mit $a = \frac{1}{3}$
S (3 | 0)

c)

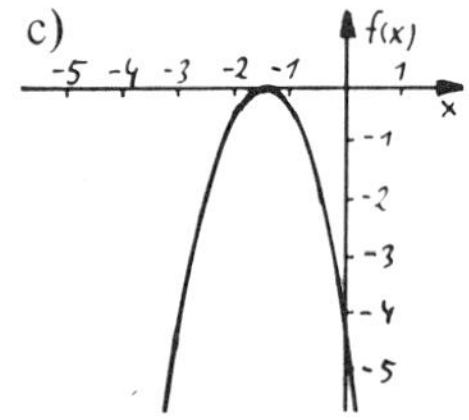

gestreckt mit a = –2
S (–1,5 | 0)

4. a)

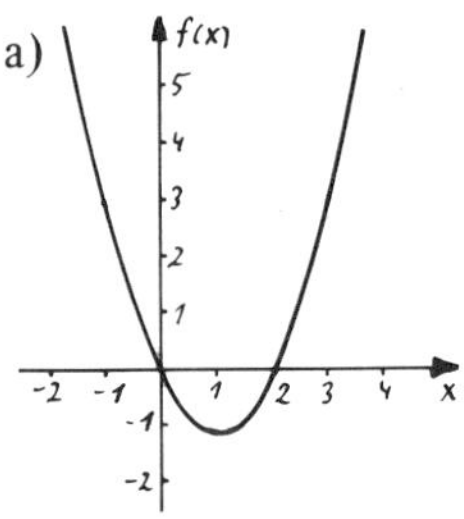

Normalparabel
S (1 | –1)

b)

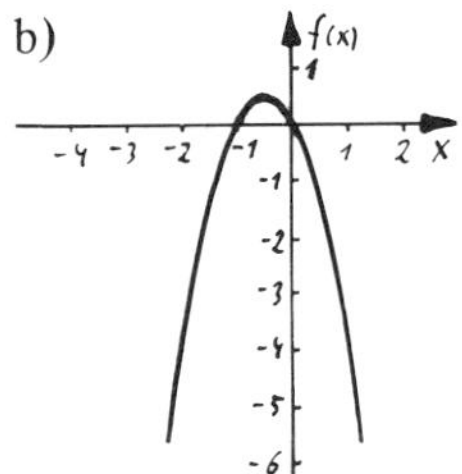

gestreckt mit a = –2
S (–0,5 | 0,5)

c)

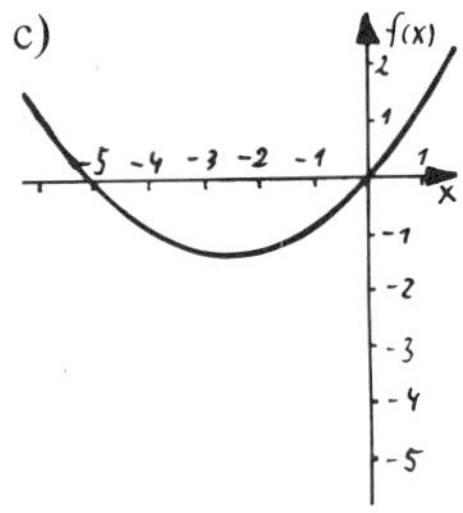

gestaucht mit a = 0,2
S (–2,5 | –1,25)

5. a)

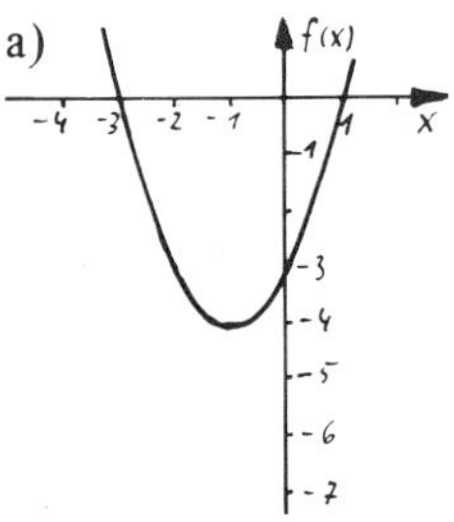

Normalparabel
S (–1 | –4)

b)

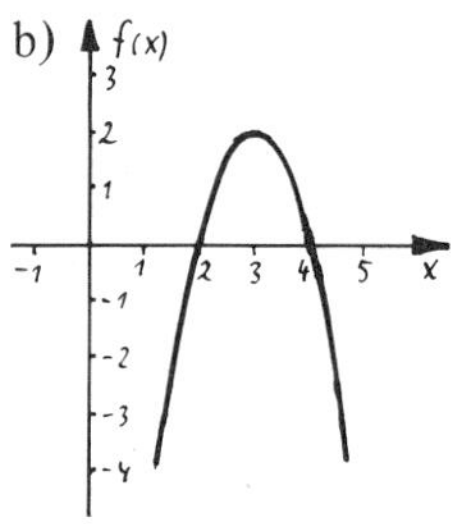

gestreckt mit a = –2
S (3 | 2)

c)

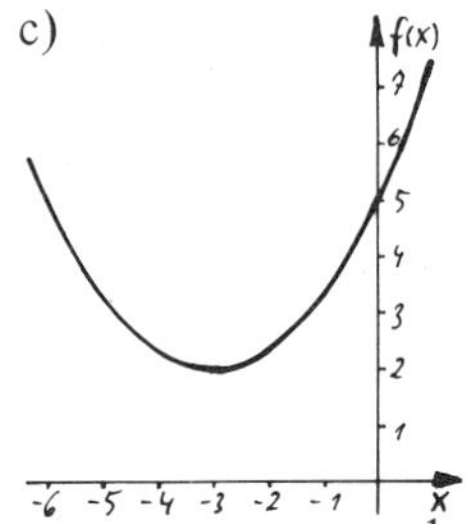

gestaucht mit $a = \frac{1}{3}$
S (–3 | 2)

6. Die Lösungsmenge L enthält genau ein Element, wenn der Parabelscheitel auf der x-Achse liegt. Sie enthält zwei Elemente, wenn der Scheitel einer nach oben geöffneten Parabel unterhalb bzw. einer nach unten geöffneten Parabel oberhalb der x-Achse liegt. Liegt der Scheitel einer nach oben geöffneten Parabel oberhalb oder einer nach unten geöffneten Parabel unterhalb der x-Achse, so ist die Lösungsmenge leer.

7. $|a| > 1$: Streckung; $|a| < 1$: Stauchung in f(x)-Richtung. $a < 0$: nach unten geöffnet.

$b \neq 0$: Verschiebung in f(x)-Richtung um b
$c \neq 0$: Verschiebung in x-Richtung um $-c$
$\Rightarrow$ Scheitel $S(-c \mid b)$

8. a) $f(x) = -x^2 - 6x - 4$ b) $f(x) = \frac{2}{3}x^2 - \frac{8}{3}x - \frac{4}{3}$ c) $f(x) = -\frac{5}{3}x^2 - \frac{50}{3}x - \frac{137}{3}$

9. a) $f(x) = 0{,}25(x-6)^2 - 2$; $S(6;\ -2)$
b) $f(x) = -(x+4)^2 + 3$; $S(-4;\ 3)$
c) $f(x) = 0{,}25(x-4)^2$; $S(4;\ 0)$

10.

a)	$S_1(2;\ -2)$	$S_2(4;\ 4)$
b)	$S_1(-2;\ 2)$	$S_2(3;\ 7)$
c)	$S_1(1{,}317;\ 1;\ 367)$	$S_2(5{,}317;\ 14{,}63)$
d)	$S_1(-0{,}464;\ 0{,}144)$	$S_2(6{,}464;\ 27{,}856)$
e)	$S_1(-3{,}189;\ -0{,}17)$	$S_2(0{,}523;\ 9{,}73)$
f)	$S_1(-2;\ 0)$	$S_2(1;\ 0)$
g)	$S_1(-3;\ -5{,}5)$	$S_2(2;\ 2)$
h)	$S_1(0;\ -6)$	$S_2(6;\ 90)$

11.

a)	$N_1(-3;\ 0)$	$N_2(0;\ 0)$	$S_y(0;\ 0)$
b)	$N_1(-13;\ 0)$	$N_2(-3;\ 0)$	$S_y(0;\ 39)$
c)	$N_1(-4;\ 0)$	$N_2(2;\ 0)$	$S_y(0;\ -16)$
d)	$N_1(-3;\ 0)$	$N_2(1;\ 0)$	$S_y(0;\ -9)$
e)	$N_1(-1{,}464;\ 0)$	$N_2(5{,}464;\ 0)$	$S_y(0;\ 16)$
f)	$N_1(3{,}172;\ 0)$	$N_2(8{,}828;\ 0)$	$S_y(0;\ -7)$
g)	$N_1(-4{,}57;\ 0)$	$N_2(0{,}174;\ 0)$	$S_y(0;\ -4)$
h)	keine Nullstellen		$S_y(0;\ -20)$
i)	$N_1(0;\ 0)$	$N_2(4;\ 0)$	$S_y(0;\ 0)$
k)	$N_1(0{,}209;\ 0)$	$N_2(4{,}791;\ 0)$	$S_y(0;\ -1)$
l)	keine Nullstellen		$S_y(0;\ -5)$
m)	keine Nullstellen		$S_y(0;\ 6)$
n)	$N_1(1;\ 0)$	$N_2(4;\ 0)$	$S_y(0;\ 12)$
o)	$N_1(-3{,}732;\ 0)$	$N_2(-0{,}268;\ 0)$	$S_y(0;\ -1)$
p)	$N_1(-4;\ 0)$	$N_2(-2;\ 0)$	$S_y(0;\ -8)$

12. a) $f(x) = x^2 + 6x + 4$
b) $f(x) = 2x^2 - 6x + 8$
c) $f(x) = 2{,}333x^2 - 4x + 0{,}667$
d) $f(x) = -2{,}5x^2 - 2{,}5x + 15$
e) $f(x) = x^2 - 4x + 9$
f) $f(x) = -x^2 + 4x - 2$
g) $f(x) = 3x^2 - x + 2$
h) $f(x) = 2x^2 - 8x + 6$
i) $f(x) = -5x^2 + 4$
k) $f(x) = 3x^2 - 4$
l) $f(x) = x^2$

13.

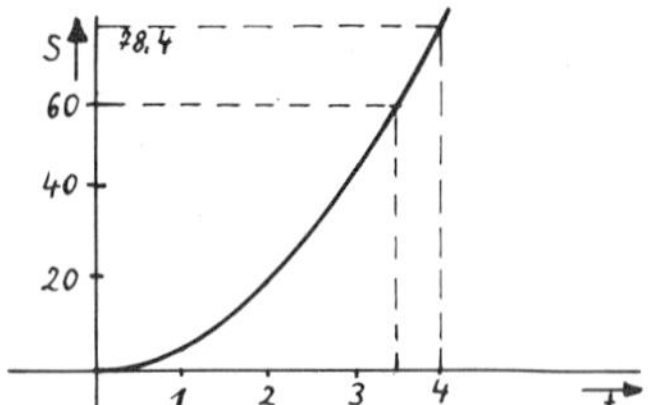

$s = 4{,}9\,t^2$

a) $s = 78{,}4$ m
b) $t \approx 3{,}5$ s

14. 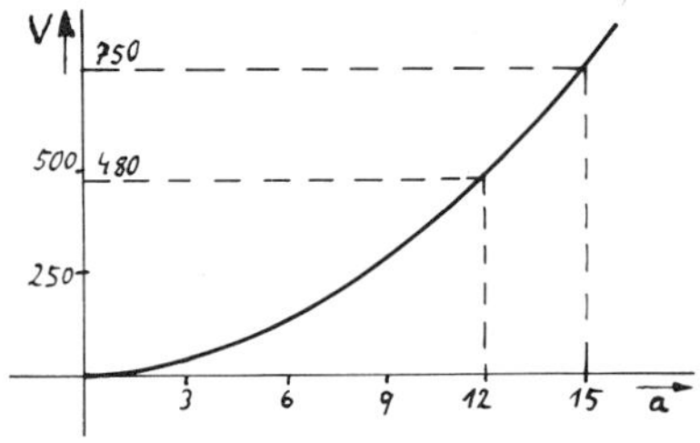

$V = \frac{10}{3} a^2$

Bei $a = 12$ cm ist $V = 480\ cm^3$;
bei $V = 750\ cm^3$ ist $a = 15$ cm.

15. 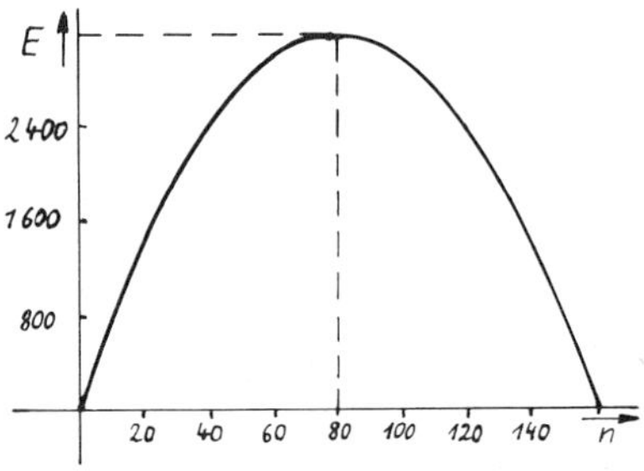

Höchster Ertrag bei Absatz von 80 Stück.

16. 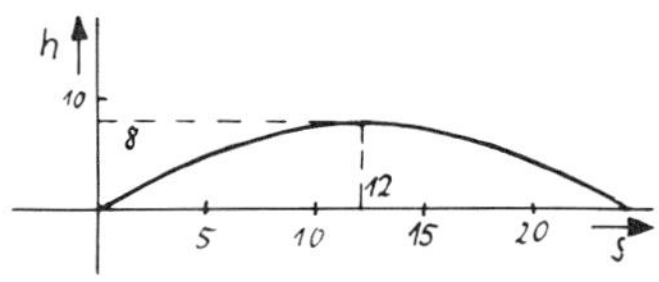

S(12|8)
Spannweite $s = 24$ m

2.5 Potenzfunktionen S. 57

1. a) 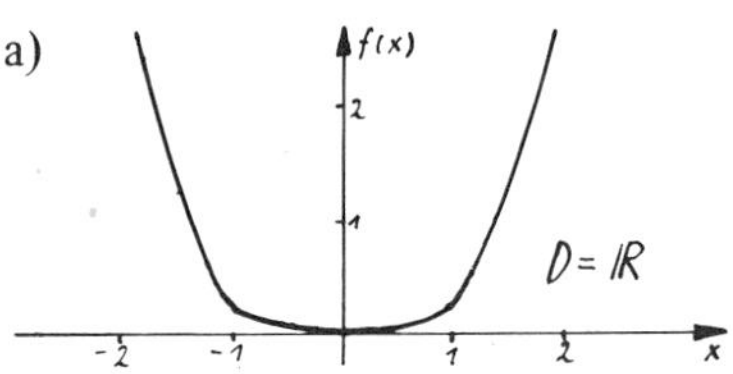

b) 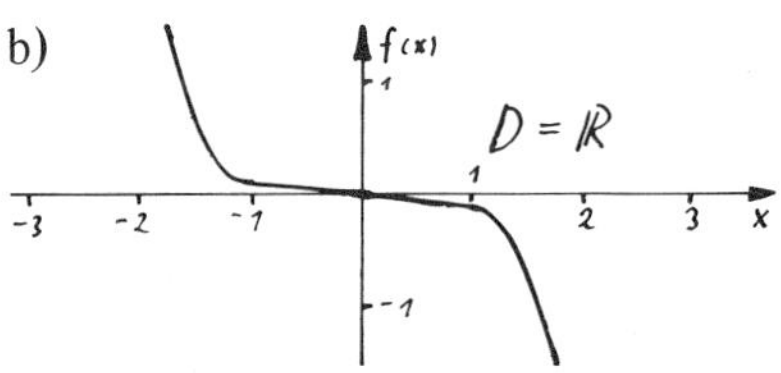

c) 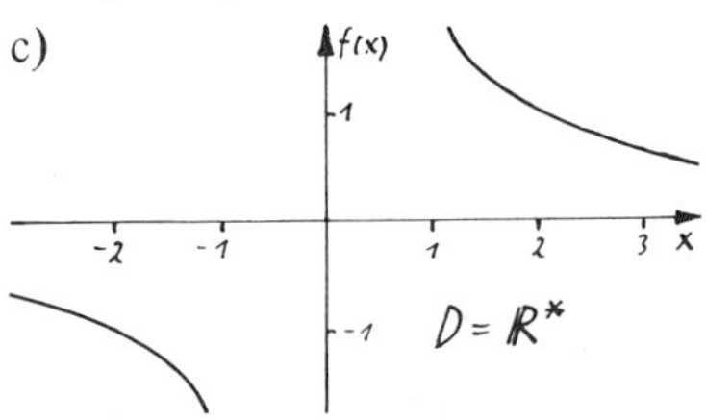

d) 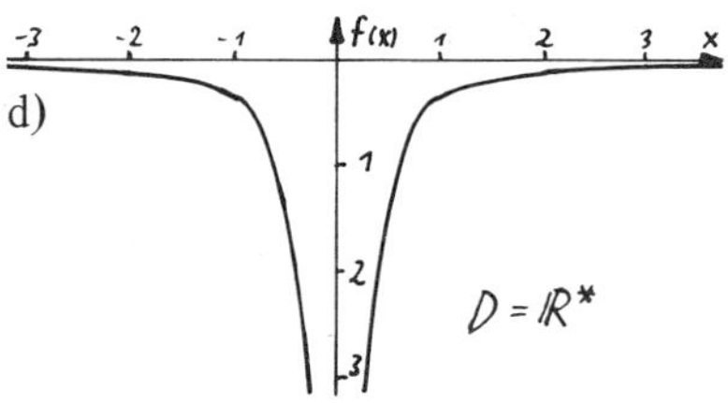

2. a) 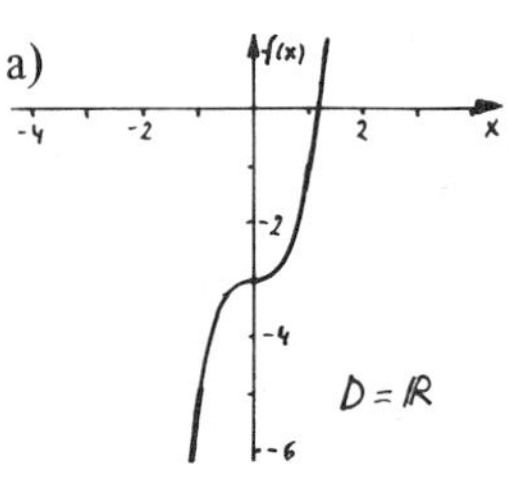

b) 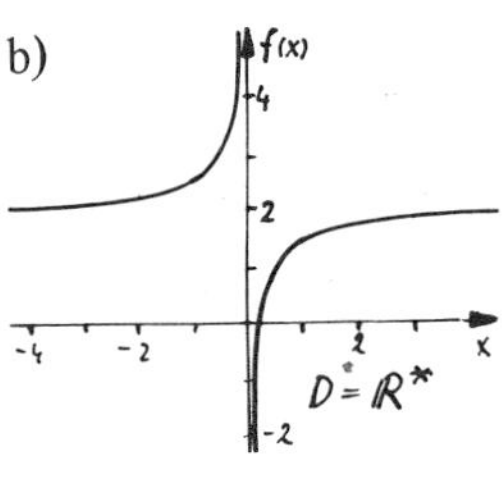

c) 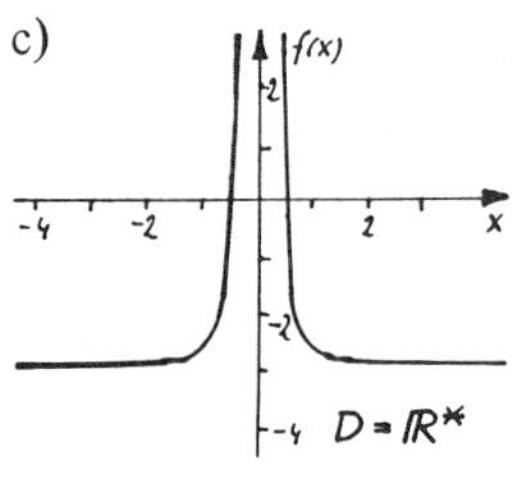

3. a) 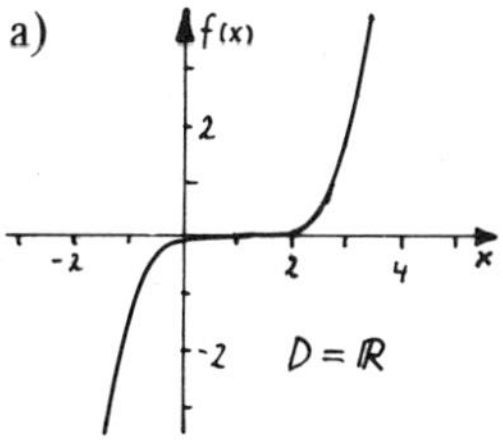

b) 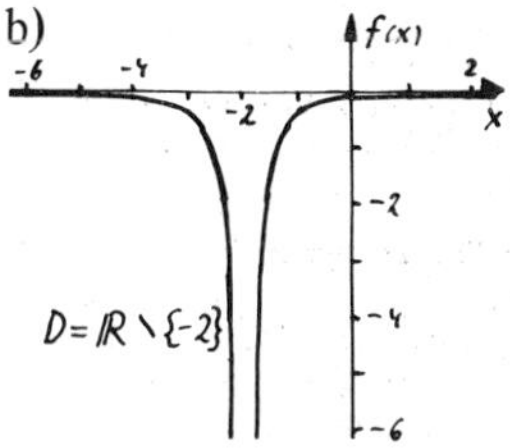

c) 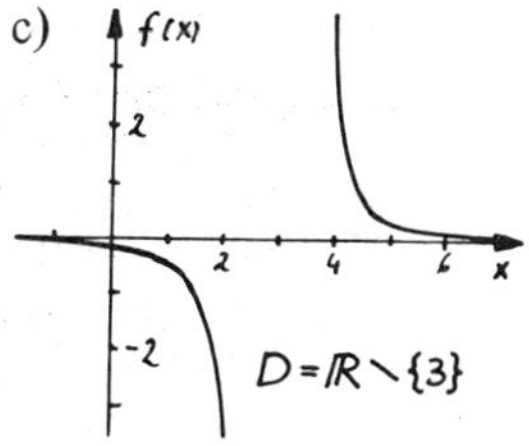

4. a) 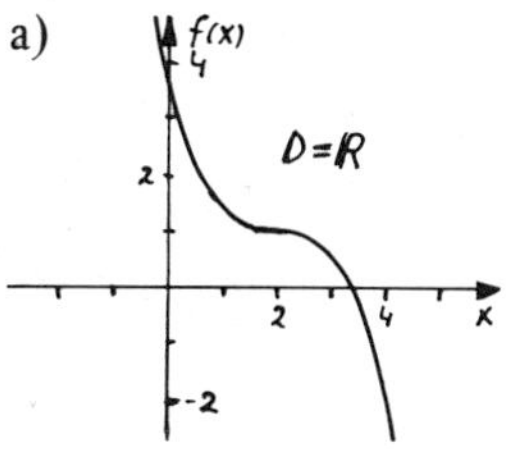

b) 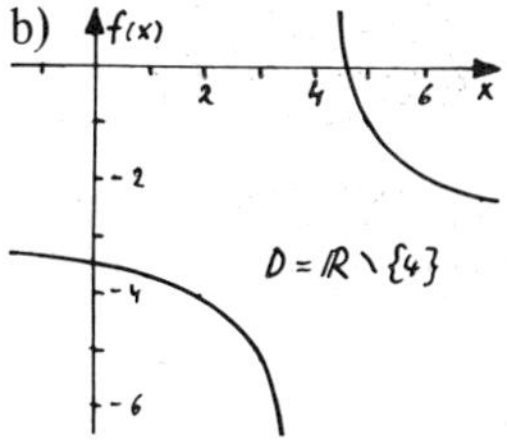

c) 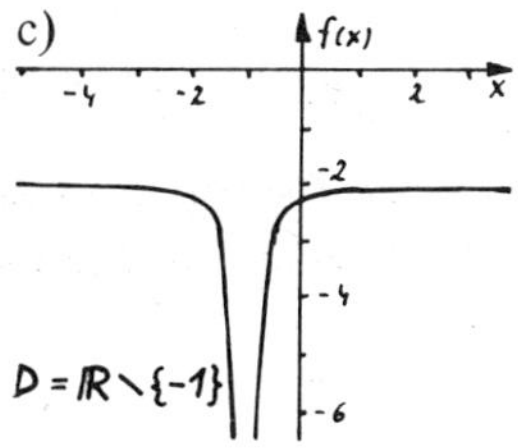

5. 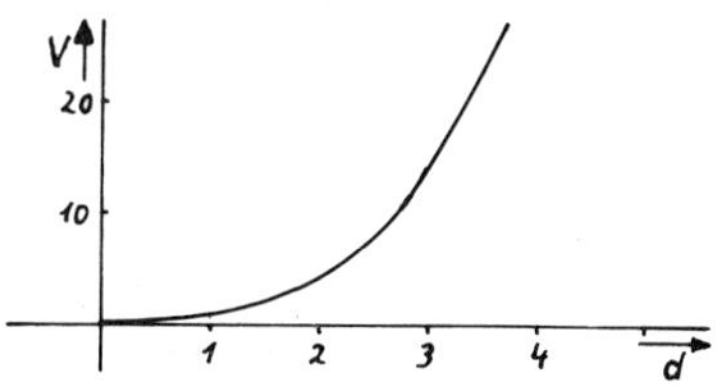

6. 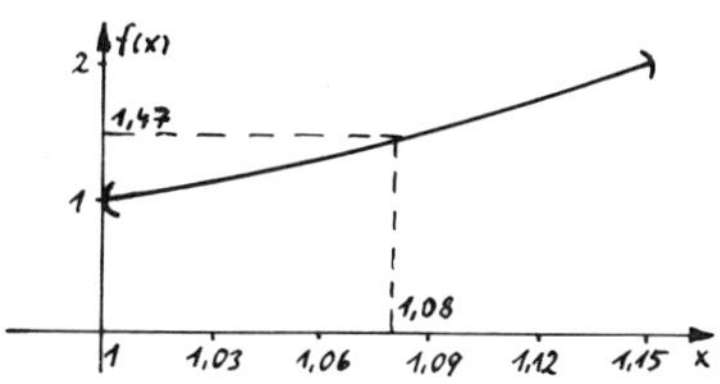

$$K_5 = K_0 \cdot q^5 \Rightarrow \frac{K_5}{K_0} = q^5$$

$f(x) = x^5$; $D = [1{,}0;\ 1{,}15]$

7. 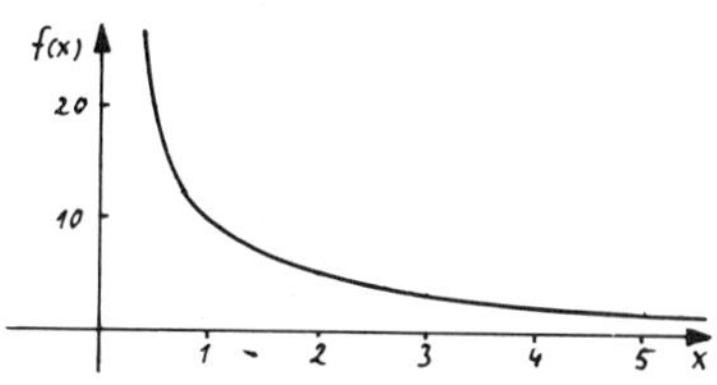

$$I = \frac{10}{R}$$

$f(x) = \frac{10}{x}$; $D = \mathbb{R}^*_+$

8. 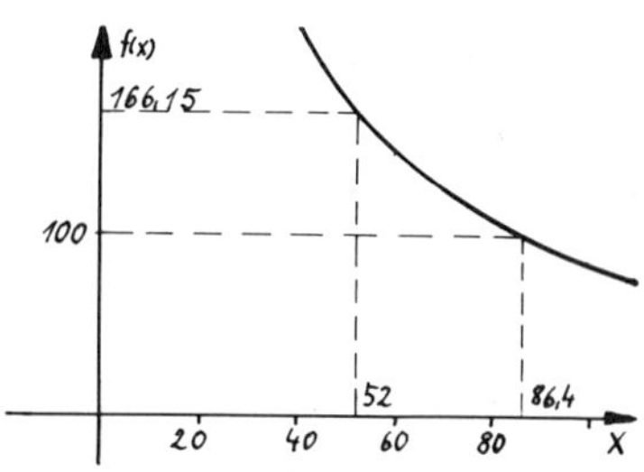

$$v = \frac{s \cdot 3600}{t} \Rightarrow v = \frac{2{,}4 \cdot 3600}{t}$$

$f(x) = \frac{8640}{x}$; $D = \mathbb{R}^*_+$

Bei $t = 52\,s$ ist $v = 166{,}15$ km/h,
bei $v = 100$ km/h ist $t = 86{,}4$ s.

9. 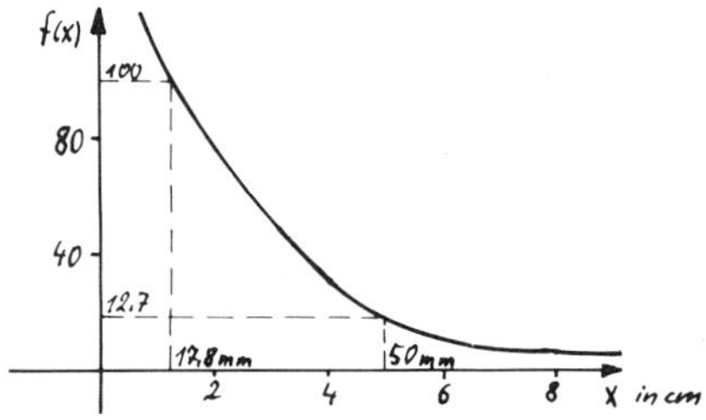

$p = \frac{4F}{\pi d^2} \Rightarrow p = \frac{4 \cdot 250}{\pi d^2}$

$f(x) = \frac{1000}{\pi x^2}$; $D = \mathbb{R}_+^*$

Bei $d = 50$ mm ist $p = 12{,}7\ \mathrm{N/cm^2}$,
bei $p = 100\ \mathrm{N/cm^2}$ ist $d = 17{,}8$ mm.

2.6 Ganzrationale Funktionen

S. 72, 73

1. a) $f(x) = -6x^3 - 4x + \frac{1}{2}$
   b) $f(x) = 11x^7 - 7x$
   c) $f(x) = \frac{1}{2}x^4 + 2x^2 + 2x + 7$
   d) $f(x) = -\frac{1}{4}x^5 + 3x^4 + x^3 + 2x^2$
   e) $f(x) = \frac{2}{3}x^6 - x^3 + 4$
   f) $f(x) = -2x^6 + x^5 - 2x^4$
   g) $f(x) = 3x^8 + 3x^6 + 3x^4 + 3x^2$
   h) $f(x) = -2x^5 + 2$

2. a) $f(x) + g(x) = 3x^3 + x^2 + 3x + 3$
   $f(x) - g(x) = -3x^3 + x^2 + x + 3$
   $f(x) \cdot g(x) = 3x^5 + 6x^4 + 10x^3 + 2x^2 + 3x$
   b) $f(x) + g(x) = 2x^4 - 2x^3 + 2x^2 + 1$
   $f(x) - g(x) = 2x^4 + 2x^3 - 2x - 1$
   $f(x) \cdot g(x) = -4x^7 + 2x^6 + 5x^4 - x$
   c) $f(x) + g(x) = 4x^6 + 3x^4 + 3x^2 + 2$
   $f(x) - g(x) = -4x^6 + 3x^4 - x^2 + 2$
   $f(x) \cdot g(x) = 12x^{10} + 4x^8 + 14x^6 + 2x^4 + 4x^2$
   d) $f(x) + g(x) = \frac{1}{3}x^4 - 2x^3 + 2x^2 + x - 6$
   $f(x) - g(x) = -\frac{1}{3}x^4 - 2x^3 - 2x^2 + x + 6$
   $f(x) \cdot g(x) = -\frac{2}{3}x^7 - 3\frac{2}{3}x^5 + 14x^3 - 6x$
   e) $f(x) + g(x) = 2x^6 + 2x^4 + x^2 + 2$
   $f(x) - g(x) = -2x^6 + 2x^4 + x^2 - 2$
   $f(x) \cdot g(x) = 4x^{10} + 2x^8 + 4x^4 + 2x^2$
   f) $f(x) + g(x) = 7x^5 + 2x^3 + x$
   $f(x) - g(x) = -7x^5 + 2x^3 + x$
   $f(x) \cdot g(x) = 14x^8 + 7x^6$

3. a) f ist achsensymmetrisch, d.f. $f(2) = f(-2) = 52$ und $f(4) = f(-4) = 568$.
   b) f ist punktsymmetrisch, d.f. $f(2) = -f(-2) = 18$ und $f(4) = -f(-4) = 564$.
   c) f ist punktsymmetrisch, d.f. $f(2) = -f(-2) = 2$ und $f(4) = -f(-4) = -92$.
   d) f ist weder achsensymmetrisch noch punktsymmetrisch.
   e) f ist achsensymmetrisch, d.f. $f(2) = f(-2) = -59$ und $f(4) = f(-4) = -983$.
   f) f ist punktsymmetrisch, d.f. $f(2) = -f(-2) = -20$ und $f(4) = -f(-4) = -184$.

4. a) $g(x) = 3x^3 + x$ ist punktsymmetrisch.
   b) —
   c) $f(x) = 3x^4 + x^2 + 2$ und $g(x) = 4x^6 + 2x^2$ sind achsensymmetrisch.
   d) $f(x) = -2x^3 + x$ ist punktsymmetrisch und $g(x) = \frac{1}{3}x^4 + 2x^2 + 6$ ist achsensymmetrisch.
   e) $f(x) = 2x^4 + x^2$ und $g(x) = 2x^6 + 2$ sind achsensymmetrisch.
   f) $f(x) = 2x^3 + x$ und $g(x) = 7x^5$ sind punktsymmetrisch.

5.

x	−5	−4	−3	−2	−1	0	1	2	3	4	5
a) f(x)	−711	−424	−237	−126	−67	−36	−9	38	129	288	539
b) f(x)	31577	8258	1433	98	−7	2	−7	98	1433	8258	31577
c) f(x)	−15587	−5089	−1191	−143	5	3	1	149	1197	5095	15593
d) f(x)	−1026,7	−329,3	−72	−4,7	2,7	0	−2,7	4,7	72	329,3	1026,7
e) f(x)	651	267	81	9	−9	−9	−3	21	99	291	681
f) f(x)	8989,5	2514	501,5	54	1,5	2	1,5	54	501,5	2514	8989,5

a)
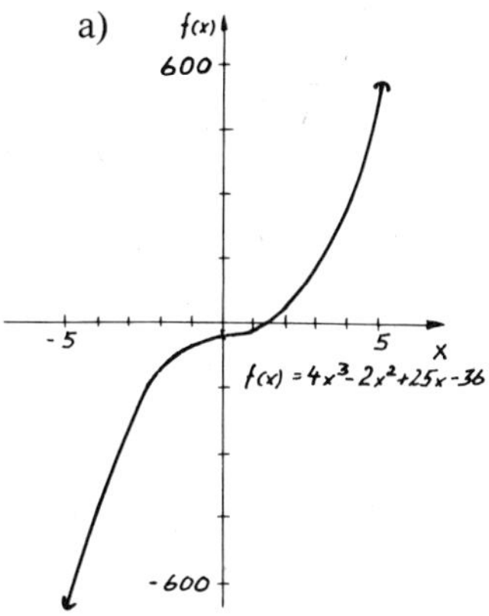

b)
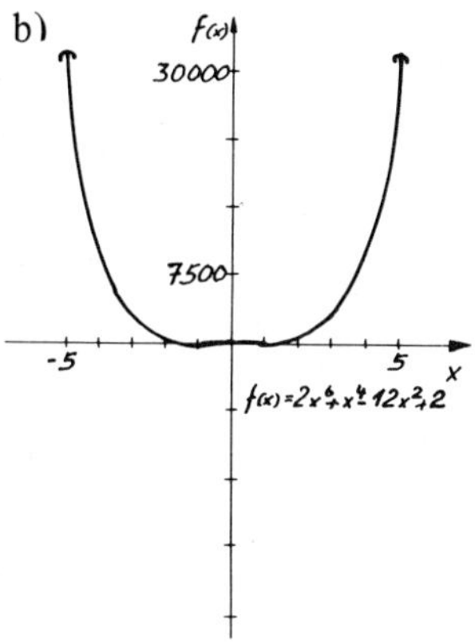

c)
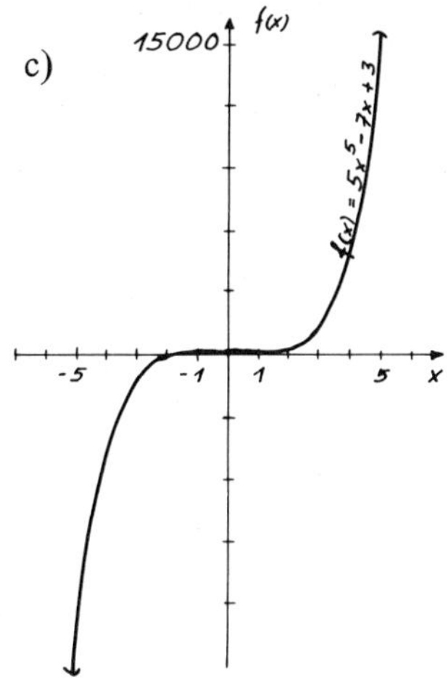

d)
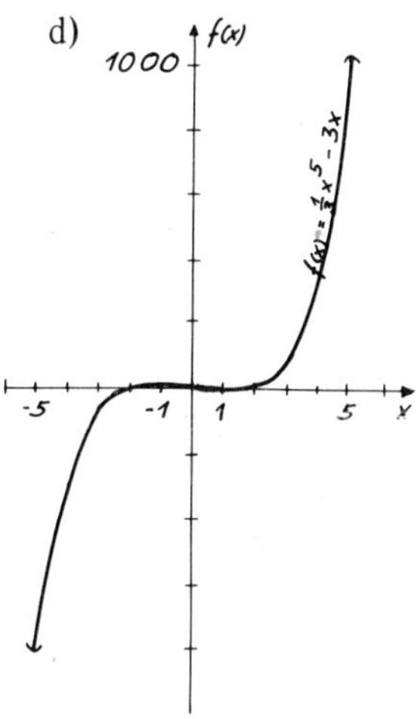

e)
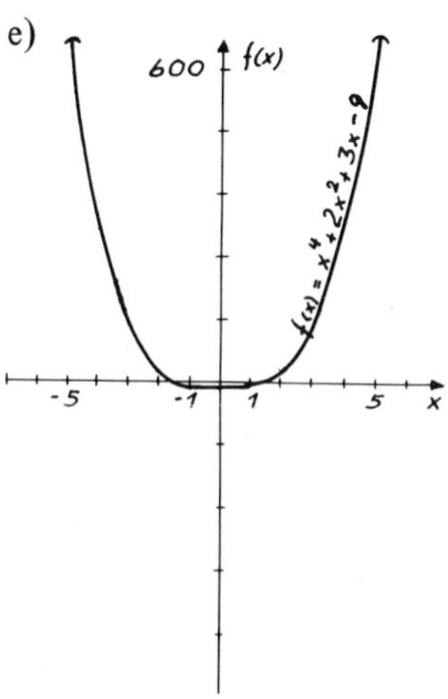

f)
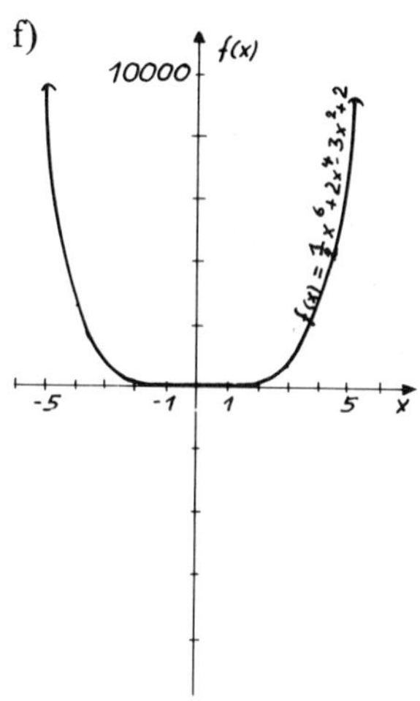

5.

	x	−5	−4	−3	−2	−1	0	1	2	3	4	5
g)	f(x)	−226	−113	−46	−13	−2	−1	2	19	62	143	274
h)	f(x)	775	336	117	28	3	0	1	12	63	208	525
i)	f(x)	−128	−66	−28	−8	0	2	4	12	32	70	132
j)	f(x)	−255	−132	−57	−18	−3	0	3	18	57	132	255
k)	f(x)	−60	−24	−6	0	0	0	6	24	60	120	210

g)

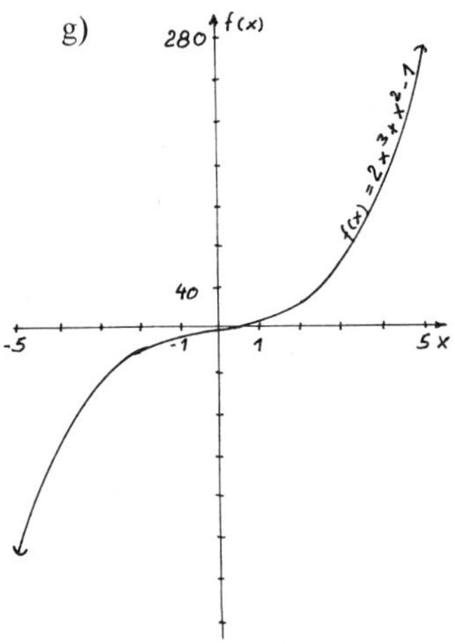

h)

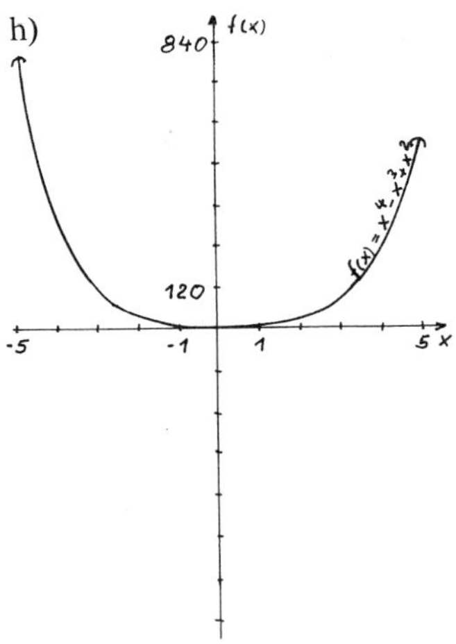

i)

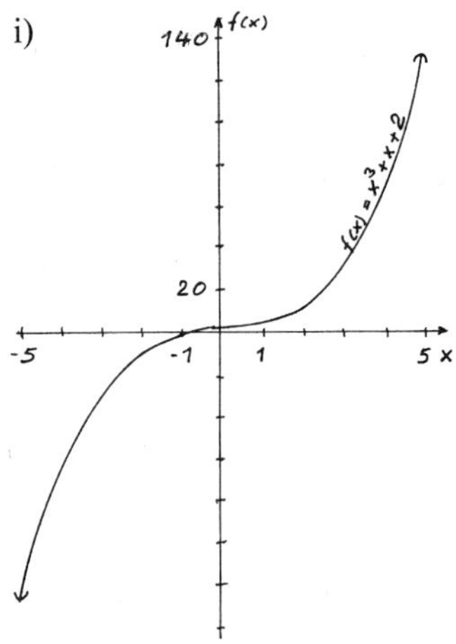

j)

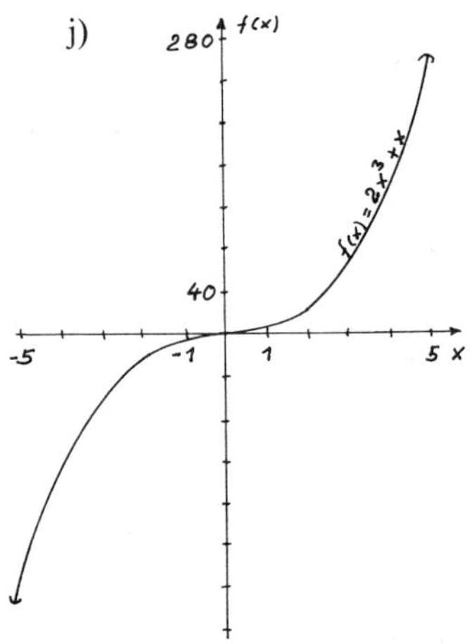

k)

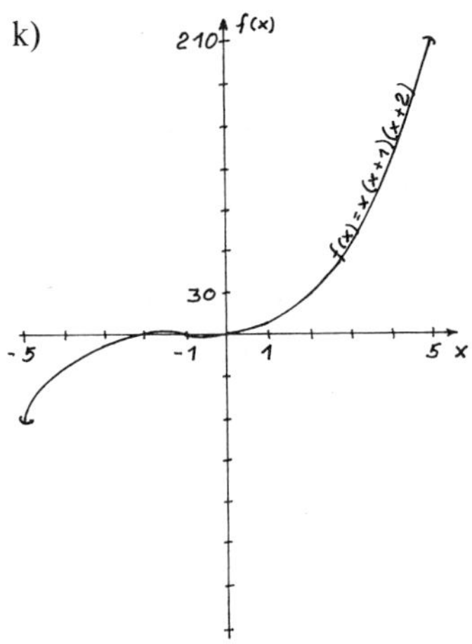

6. a) $x_{01} = -2$; $x_{02} = 0$ und $f(0) = 0$.
   b) $x_{01} = 0$ und $f(0) = 0$.
   c) $x_{01} = -2$; $x_{02} = -1$; $x_{03} = 1$ und $f(0) = -2$.
   d) $x_{01} = -2$; $x_{02} = 4$ und $f(0) = -32$.
   e) $x_{01} \cong -1{,}124$; $x_{02} \cong 1{,}399$; $x_{03} \cong 5{,}725$ und $f(0) = 18$.
   f) $x_{01} = -4$; $x_{02} = 0$; $x_{03} = 4$ und $f(0) = 0$.
   g) $x_{01} = -0{,}71$; $x_{02} = 0{,}71$ und $f(0) = -1$
   h) $x_{01} = 0$; $x_{02} = 1$ und $f(0) = 0$
   i) $x_{01} = 1$ und $f(0) = -6$
   j) $x_{01} = -2$ und $f(0) = 2$

7. a) $f(x) = -2x^3 + 8x^2 - 2x - 12$
   b) $f(x) = 6x^4 + 30x^3 - 42x^2 - 174x + 180$
   c) $f(x) = \frac{1}{2}x^3 - \frac{1}{2}x$
   d) $f(x) = \frac{2}{3}x^4 + 2x^3 - 12x^2 - 21\frac{1}{3}x + 64$
   e) $f(x) = -4x^3 + 4x^2 + 8x$
   f) $f(x) = 2x^4 - 30x^3 + 154x^2 - 306x + 180$
   g) $f(x) = -\frac{1}{2}x^2 + 2{,}5x - 3$
   h) $f(x) = \frac{1}{4}x^3 - \frac{1}{4}x$
   i) $f(x) = -2x^3 - 4x^2 + 2x + 4$

8. a) $f(x) = \frac{1}{6}x^4 + \frac{1}{6}x^3 - \frac{2}{3}x^2 - \frac{2}{3}x$
   b) $f(x) = 4x^4 - 4x^3 - 28x^2 + 4x + 24$
   c) $f(x) = -2x^4 + 2x^3 + 14x^2 - 26x + 12$
   d) $f(x) = \frac{1}{2}x^4 - 2x^2 - x - 1$

9. $x^3 + ax = 0 \Leftrightarrow x(x^2 + a) = 0 \Leftrightarrow$ 1. Fall $x_{01} = 0$ oder 2. Fall $x^2 + a = 0 \Leftrightarrow x_{02} = \sqrt{-a}$; $x_{03} = -\sqrt{-a}$.
   a) Die Funktion f hat nur dann 3 Nullstellen, wenn $a \in \mathbb{R}^*_-$.
   b) Die Funktion f hat nur 1 Nullstelle, wenn $a \in \mathbb{R}_+$.

10. a) Es müssen $a_3 = a_1 = a_0 = 0$ sein, und weiterhin dürfen $a_4 \neq 0$ und a_2 nur Elemente aus $\mathbb{R}_+$ oder nur aus $\mathbb{R}_-$ sein.
    b) Wenn $a_3 = a_1 = 0$ und a_4, a_2 und a entweder alle nur Elemente aus $\mathbb{R}_+$ oder nur aus $\mathbb{R}_-$ sind.

11. a) $x^2 - 5x + 6$
    b) $5x^2 - 5$
    c) $x^2 - 3x + 9$
    d) $2x - 14$
    e) $x^2 + 3$
    f) $x^4 + 6x^3 + 11x^2 + 6x$
    g) $a^3 - a^2b + ab^2 - b^3$
    h) $x^3 + x^2 + x + 1$
    i) $x^4 - x^3 + x^2 - x + 1$
       Rest -2
    j) $x^3 + 3x^2 - 6x - 8$

12. a) $x_{01} = -1$; $x_{02} = 1$; $x_{03} = 3$
    b) $x_{01} = 1$
    c) $x_{01} = -4$
    d) keine Nullstellen

13. a) $x_{01} \cong 1{,}5671$
    b) $x_{01} = -4$; $x_{02} = -3$; $x_{03} = 1$; $x_{04} = 3$
    c) $x_{01} = 0$
    d) $x_{01} \cong 1{,}4224$
    e) $x_{01} = -1$; $x_{02} = 0$; $x_{03} = 1$
    f) $x_{01} \cong 0{,}905$; $x_{02} \cong 3{,}96947$

14. a) $x_0 = 2{,}5$ b) $x_0 = 1{,}73$ c) $x_0 = 1{,}41$

1. a) $D = \mathbb{R} \setminus \{3\}$
   $x_{01} = 0;\ x_{02} = 4$
   $f(0) = 0$
   Pol: $x_P = 3$
   Asymptote: $y_A = x - 1$

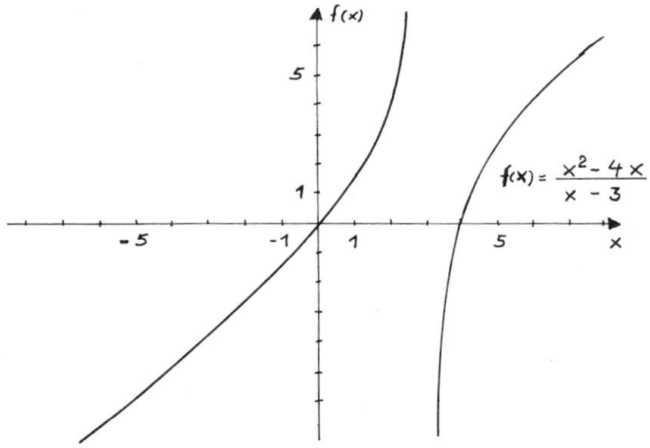

b) $D = \mathbb{R} \setminus \{6\}$
   $x_{01} = -6$
   $f(0) = 12$
   Lücke: $x_L = 6$
   Asymptote: $y_A = 2x + 12$

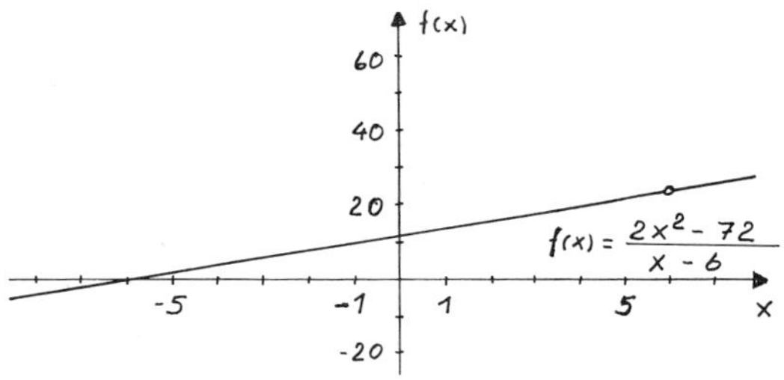

c) $D = \mathbb{R} \setminus \{-4;\ 0\}$
   $x_{01} = -1$
   Lücke: $x_L = -4$
   Pol: $x_P = 0$
   Asymptote: $y_A = 1$

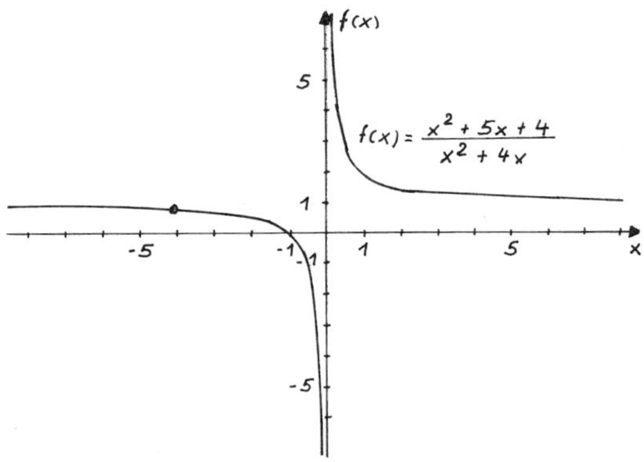

d) $D = \mathbb{R} \setminus \{1\}$
   $x_{01} = 0$
   $f(0) = 0$
   Pol: $x_P = 1$
   Asymptote: $y_A = x^2 - 2x + 1$

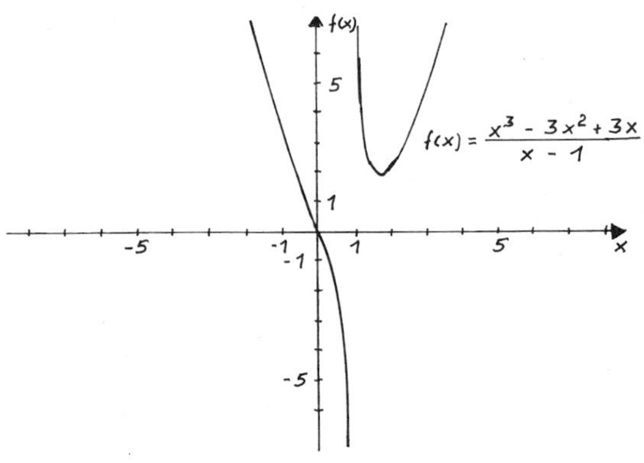

1. e) $D = \mathbb{R} \setminus \{-3; 3\}$
$x_{01} = 7$
$f(0) = 0{,}778$
Pol: $x_{P1} = -3$; $x_{P2} = 3$
Asymptote: $y_A = 0$

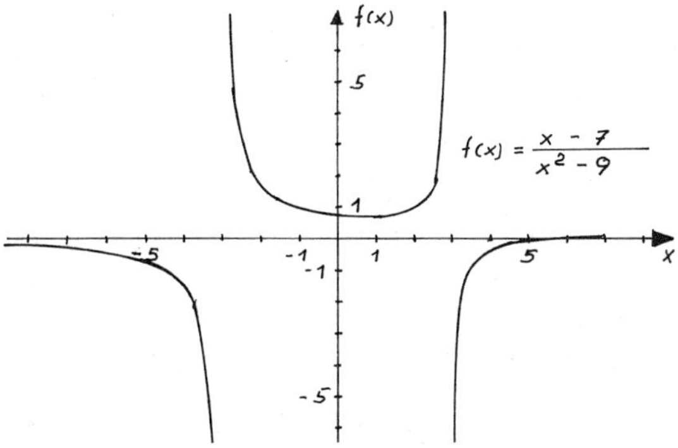

f) $D = \mathbb{R} \setminus \{-1; 7\}$
$x_{01} = -5$; $x_{02} = 4$
$f(0) = -2{,}5$
Lücke: $x_L = 7$
Pol: $x_P = -1$
Asymptote: $y_A = 0{,}125\,x$

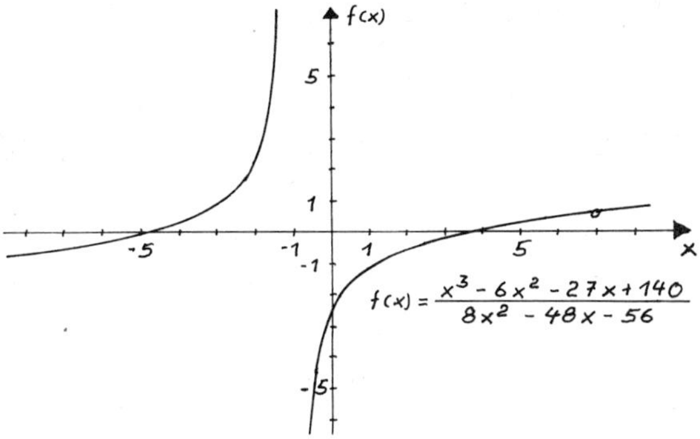

g) $D = \mathbb{R} \setminus \{-1; 2\}$
$x_{01} = 1$
$f(0) = -0{,}5$
Pol: $x_{P1} = -1$; $x_{P2} = 2$
Asymptote: $y_A = 1$

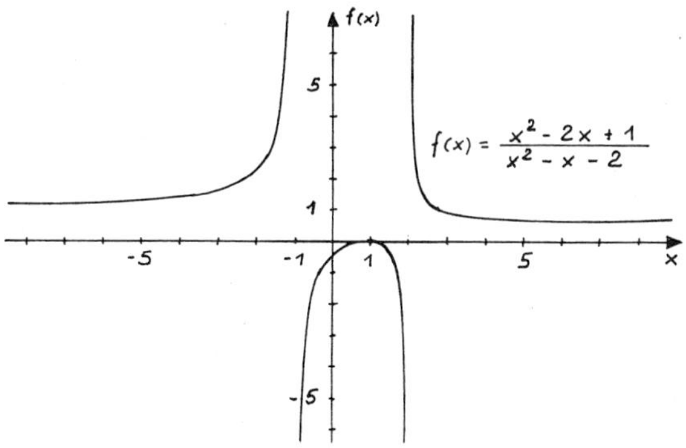

h) $D = \mathbb{R} \setminus \{-1\}$
$x_{01} = 2$
$f(0) = 2$
Lücke: $x_L = -1$
Asymptote: $y_A = -x + 2$

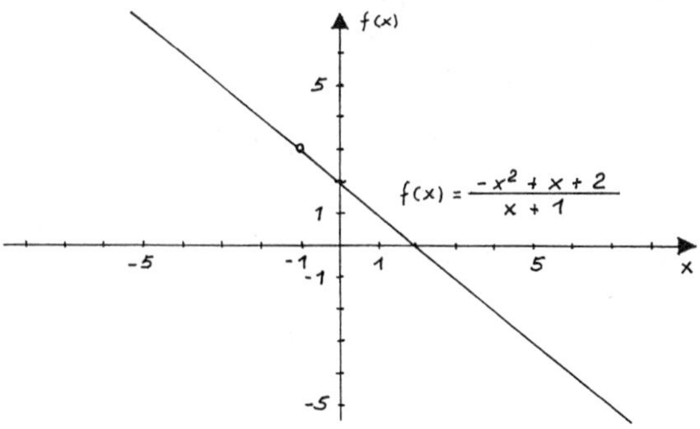

1. i) $D = \mathbb{R} \setminus \{-1\}$
$x_{01} = 0$
$f(0) = 0$
Pol: $x_P = -1$
Asymptote: $y_A = 0$

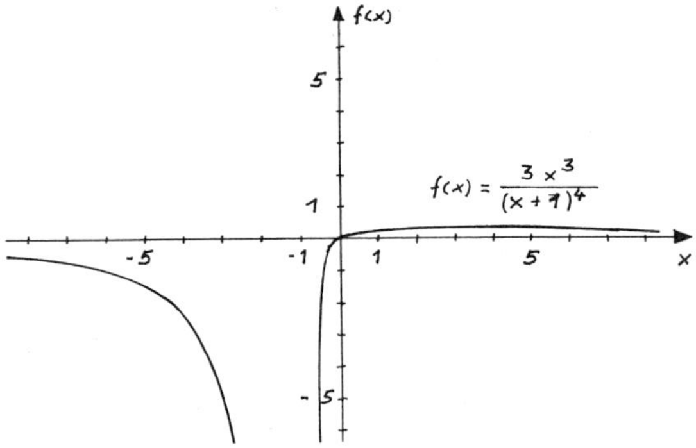

k) $D = \mathbb{R} \setminus \{-3\}$
$x_{01} = 3$
$f(0) = -0{,}5$
Pol: $x_P = -3$
Asymptote: $y_A = 0{,}5$

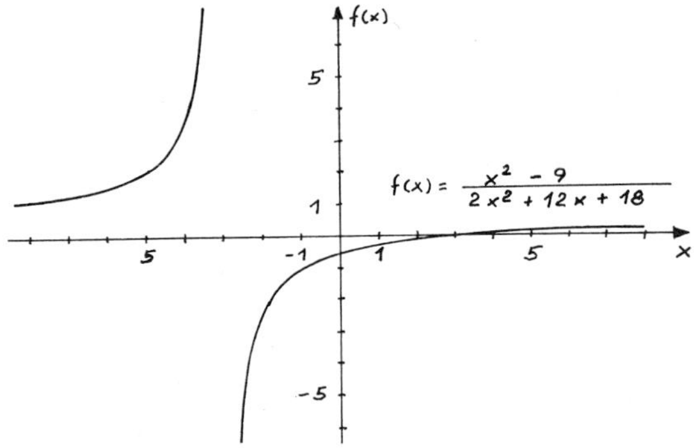

l) $D = \mathbb{R} \setminus \{-3;\ 3\}$
Nullstellen: keine
$f(0) = -2$
Lücke: $x_L = -3$
Pol: $x_P = 3$
Asymptote: $y_A = 2$

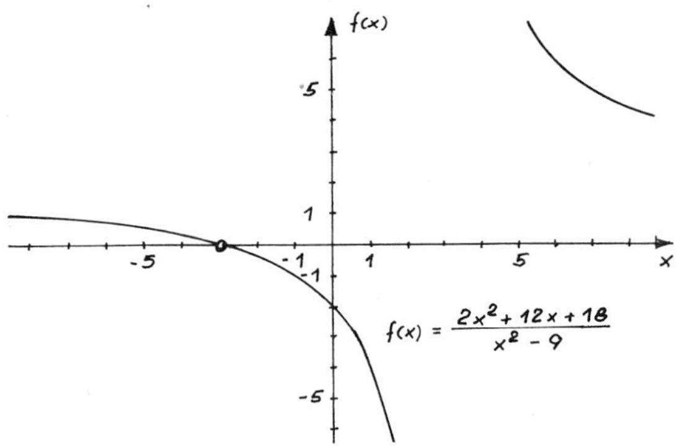

2. Bei den Funktionen f müssen für $a \in \mathbb{R}$ noch folgende Einschränkungen vorliegen, wenn die Funktion

	Lücken	Pole	
a)	—	$a \leqq 0$	$a > 0$
b)	$a = -1;\ a = 1$	$a \in \mathbb{R} \setminus \{-1;\ 1\}$	—
c)	$a = -1;\ a = 1$	$a \in \mathbb{R}$	—
d)	—	$a \in \mathbb{R}$	—
e)	$a = -1;\ a = 2$	$a \in \mathbb{R}$	—
f)	$a = -1;\ a = 1$	$a \in \mathbb{R} \setminus \{-1;\ 1\}$	—

	Lücken	Pole	
g)	$a = -2;\ a = 2$	$a \in \mathbb{R}$	—
h)	$a = 3$	$a \in \mathbb{R} \setminus \{3\}$	—
i)	$a = 0$	$a \in \mathbb{R}^*$	—
k)	$a = 1$	$a \in \mathbb{R} \setminus \{1\}$	—
l)	—	$a \in \mathbb{R}^*$	—

haben soll.

2.8 Die Umkehrung einer Funktion

S. 82

1. Zusammenhang von Durchmesser und Flächeninhalt bzw. Umfang eines Kreises; Zusammenhang von Rechnungsbetrag und Verbrauch bei Gas, Wasser, Strom u.v.a.

2. Pfeildiagramm: Bei jedem $y \in W$ kommt genau ein Pfeil an.
   Graph: Jede Parallele zur x-Achse wird nur einmal geschnitten.
   Vollständige Wertetabelle: Jeder f(x)-Wert kommt nur einmal vor.
   Zuordnungsvorschrift mit D: Für verschiedene Argumente sind auch die Funktionswerte immer verschieden.

3. a)

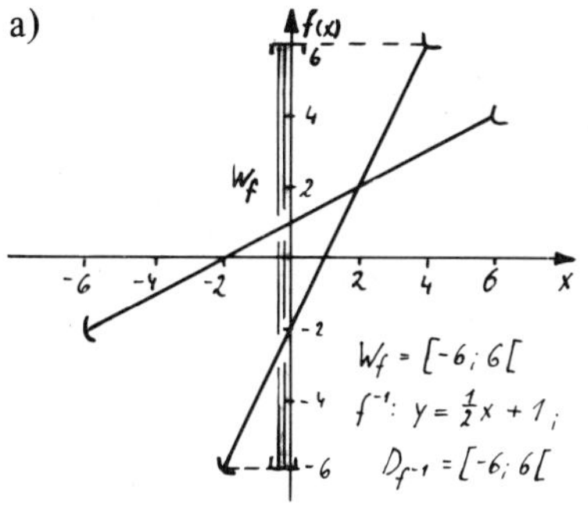

b)

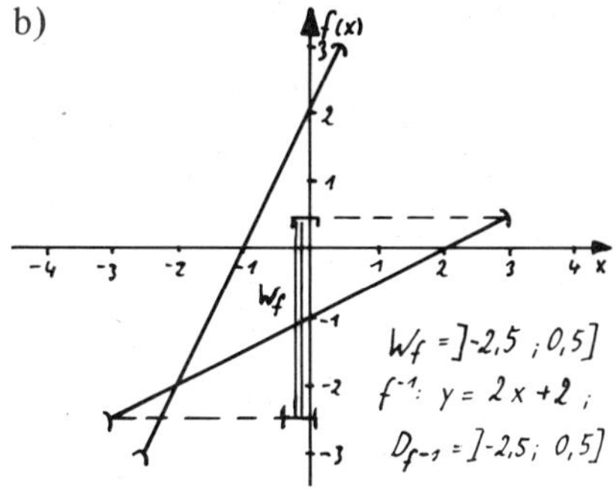

4. a) $y = 1{,}5x + 6$ b) $y = -\frac{2}{3}x + 4$ c) $y = 4x - 36$

5. a) $y = 2x + 6$; $D = [-4{,}5; 1{,}5]$
   b) $y = -\frac{5}{3}x - \frac{40}{3}$; $D = [-11; 8]$
   c) $y = -1{,}5x - 6$; $D = [-6; 2[$
   d) $y = -2x + 8$; $D =]0; 5]$

6. a) $y = -3x - 2$; $D = [-2; 6]$
   b) $y = \frac{9}{11}x + \frac{14}{11}$; $D = [-4; 7]$
   c) $y = \frac{1}{7}x - \frac{4}{7}$; $D = [-10; 60]$

7. a) $y = -1{,}25x + 4{,}25$ b) $y = 1{,}2x - 0{,}6$ c) $y = 3x + 1$

2.9 Besondere Eigenschaften von Funktionen

S. 82

1. a) injektiv
   b) injektiv und surjektiv, d.h. bijektiv
   c) injektiv
   d) keine der Eigenschaften

2. Jede injektive Funktion ist umkehrbar.
   Eine surjektive Funktion ist nur umkehrbar, wenn sie gleichzeitig injektiv ist, d.h. wenn sie bijektiv ist.

3. a) $D = \mathbb{R}$
   b) $D = \{x \mid x \geqslant -2 \wedge x \in \mathbb{R}\}$
   c) $D = \mathbb{R}_+$
   d) $D = \{x \mid x \geqslant 1 \wedge x \in \mathbb{R}\}$

1. a) $W=[0;\ 9]$
   b) $W=[0;\ 16[$
   c) $W=[-8;\ 0]$
   d) $W=[-5;\ 27[$
   e) $W=]-2;\ 18[$
   f) $W=]1;\ \infty[$
   g) $W=[0;\ 128]$
   h) $W=[0{,}1;\ \infty[$
   i) $W=\mathbb{R}_+^*$
   k) $W=[-3;\ \infty[$

2. a) $D_f=\{x \mid x\geqq -3 \wedge x\in\mathbb{R}\}$; f^{-1}: $y=\sqrt{\frac{x}{3}}-3$; $D_{f^{-1}}=\mathbb{R}_+$
   b) $D_f=\{x \mid x\geqq 4 \wedge x\in\mathbb{R}\}$; f^{-1}: $y=\sqrt{\frac{x}{3}}+4$; $D_{f^{-1}}=\mathbb{R}_+$
   c) $D_f=\{x \mid x\geqq 1{,}5 \wedge x\in\mathbb{R}\}$; f^{-1}: $y=\sqrt{\frac{x}{2}}+\frac{3}{2}$; $D_{f^{-1}}=\mathbb{R}_+$

3. a) $D_f=\{x \mid x\geqq 2 \wedge x\in\mathbb{R}\}$; f^{-1}: $y=\frac{1}{3}\sqrt{x}+2$; $D_{f^{-1}}=\mathbb{R}_+$
   b) f^{-1}: $y=0{,}25\sqrt{x}-1{,}5$; $D_{f^{-1}}=\{x \mid x\geqq 36 \wedge x\in\mathbb{R}\}$
   c) $D_f=\{x \mid x\leqq -6 \wedge x\in\mathbb{R}\}$; f^{-1}: $y=-2\sqrt{x}-6$; $D_{f^{-1}}=\mathbb{R}_+$
   d) f^{-1}: $y=\sqrt[3]{x}$; $D_{f^{-1}}=\mathbb{R}$
   e) f^{-1}: $y=\frac{1}{\sqrt[3]{x}}$; $D_{f^{-1}}=\mathbb{R}^*$

4. a) f^{-1}: $y=\sqrt{5x+11{,}25}-2{,}5$; $D_{f^{-1}}=]-1;\ 2{,}75]$
   b) $D_f=[0;\ 4]$; f^{-1}: $y=-\sqrt{4x-8}+4$; $D_{f^{-1}}=[2;\ 6]$
   c) f^{-1}: $y=\sqrt{-0{,}25x+2{,}5}-1{,}5$; $D_{f^{-1}}=[-159;\ 9]$
   d) f^{-1}: $y=\sqrt{0{,}5x+16}-3$; $D_{f^{-1}}=\{x \mid x\geqq -14 \wedge x\in\mathbb{R}\}$
   e) $D_f=\{x \mid x\geqq 1 \wedge x\in\mathbb{R}\}$; f^{-1}: $y=\sqrt{-\frac{5}{3}x+\frac{65}{12}}+1$
      $D_{f^{-1}}=\{x \mid x\leqq 3{,}25 \wedge x\in\mathbb{R}\}$
   f) $D_f=\{x \mid x\geqq 4 \wedge x\in\mathbb{R}\}$; f^{-1}: $y=\sqrt{\frac{4}{3}x-\frac{32}{3}}+4$; $D_{f^{-1}}=\{x \mid x\geqq 8 \wedge x\in\mathbb{R}\}$

5. a) f^{-1}: $y=\frac{1}{9}x^2+2$; $D_{f^{-1}}=\mathbb{R}_+$
   b) f^{-1}: $y=0{,}5x^2-0{,}5$; $D_{f^{-1}}=\{x \mid x\geqq 1 \wedge x\in\mathbb{R}\}$
   c) f^{-1}: $y=3x^2+9$; $D_{f^{-1}}=\mathbb{R}_+$
   d) f^{-1}: $y=6{,}25x^2-2$; $D_{f^{-1}}=\mathbb{R}_-$

6. a) f^{-1}: $y=\sqrt[3]{x}+2$; $D_{f^{-1}}=\mathbb{R}$
   b) f^{-1}: $y=\sqrt[4]{0{,}5x}-1$; $D_{f^{-1}}=\{x \mid x\geqq 2 \wedge x\in\mathbb{R}\}$
   c) $D_f=\{x \mid x\geqq 4 \wedge x\in\mathbb{R}\}$; f^{-1}: $y=\sqrt[4]{-4x}+4$; $D_{f^{-1}}=\mathbb{R}_-$

7. a) f^{-1}: $y=2x^{-1}$; $D_{f^{-1}}=\mathbb{R}^*$
   b) f^{-1}: $y=(2x)^{-1}$; $D_{f^{-1}}=\mathbb{R}^*$
   c) $D_f=\mathbb{R}_+^*$; f^{-1}: $y=\frac{1}{\sqrt{x-1}}$; $D_{f^{-1}}=\{x \mid x>1 \wedge x\in\mathbb{R}\}$

8. a) $f^{-1}: y = \frac{2}{x} + 2; \; D_{f^{-1}} = \mathbb{R}^*$

b) $f^{-1}: y = \frac{1}{\sqrt{2x}} - 1; \; D_{f^{-1}} = \{x \mid 0 < x \leqslant 0{,}5 \wedge x \in \mathbb{R}\}$

c) $D_f = \{x \mid x > 1{,}5 \wedge x \in \mathbb{R}\}; \; f^{-1}: y = \frac{1}{2\sqrt{x}} + \frac{3}{2}; \; D_{f^{-1}} = \mathbb{R}_+^*$

9. Eine Verschiebung in Richtung der x-Achse.

10. Eine Streckung oder Stauchung in Richtung der x-Achse.

11.

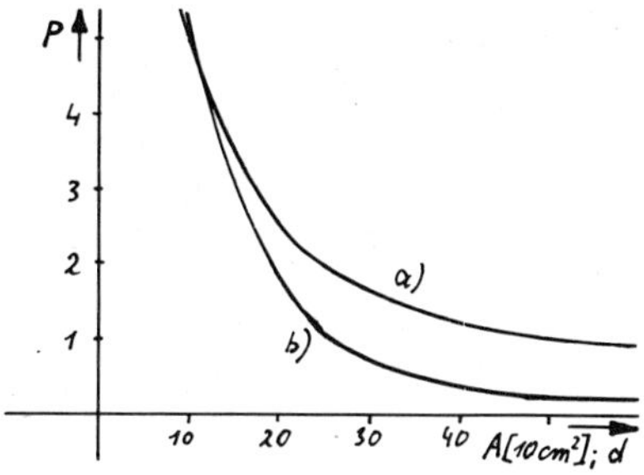

a) f: $p = \frac{500}{A}; \quad A \in \mathbb{R}_+^*$

$f^{-1}: A = \frac{500}{p}; \quad p \in \mathbb{R}_+^*$

b) f: $p = \frac{4 \cdot 500}{\pi \cdot d^2}; \quad d \in \mathbb{R}_+^*$

$f^{-1}: d = 20\sqrt{\frac{5}{\pi \cdot p}}; \quad p \in \mathbb{R}_+^*$

12.

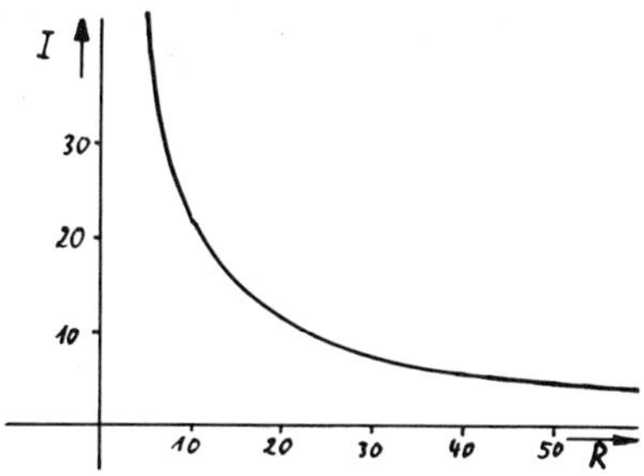

f: $I = \frac{U}{R} = \frac{220\,\text{V}}{R}; \quad R \in \mathbb{R}_+^*$

$f^{-1}: R = \frac{220\,\text{V}}{I}; \quad I \in \mathbb{R}_+^*$

Die Sicherungen schalten aus bei 22 Ω (13,75 Ω; 8,8 Ω; 5,5 Ω).

2.11 Exponential- und Logarithmusfunktionen

S. 83

1. a)

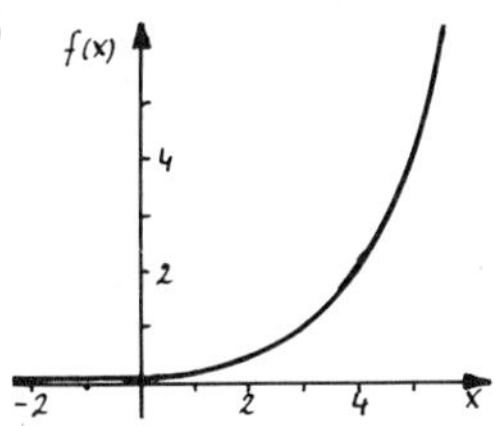

$W = \mathbb{R}_+^*$

b)

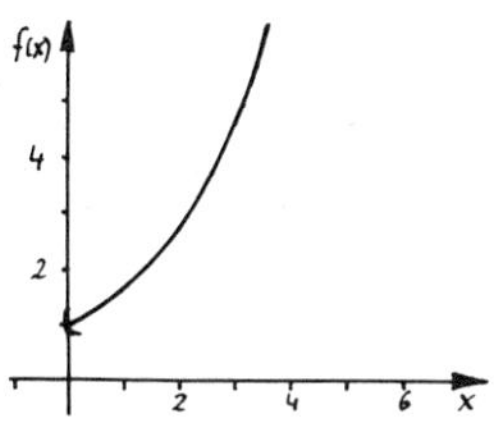

$W = \{y \mid y \geqslant 1 \wedge y \in \mathbb{R}\}$

c)

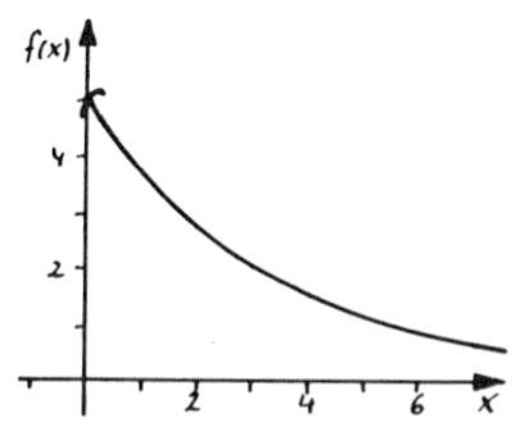

$W = \{y \mid y \leqslant 5 \wedge y \in \mathbb{R}_+^*\}$

d)

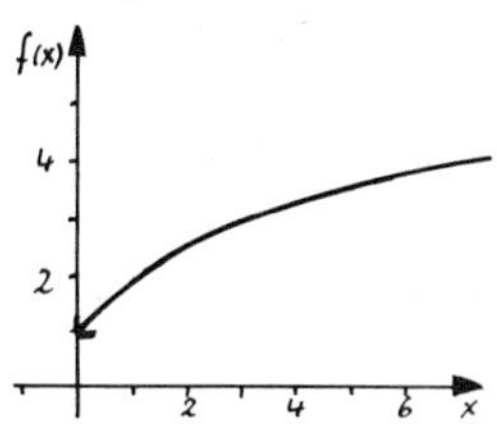

$W = \{y \mid y \geqslant 1 \wedge y \in \mathbb{R}\}$

e)

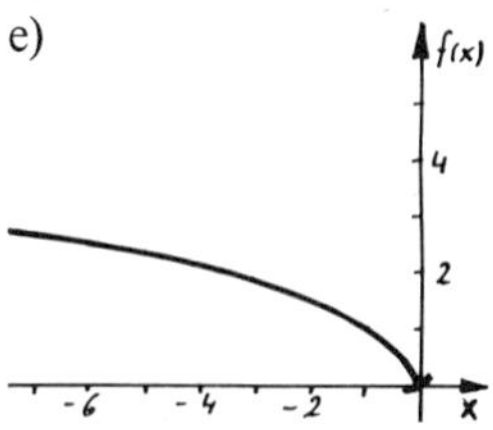

$W = \mathbb{R}_+$

f)

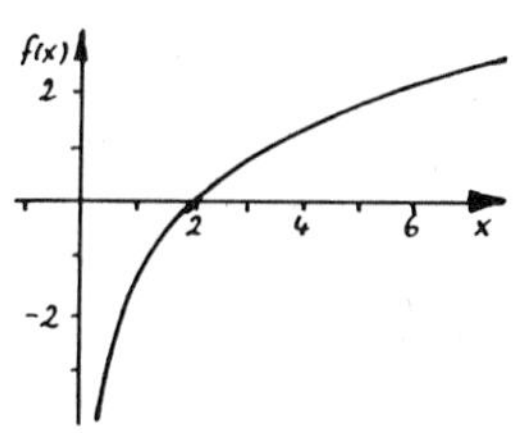

$W = \mathbb{R}$

1. g)

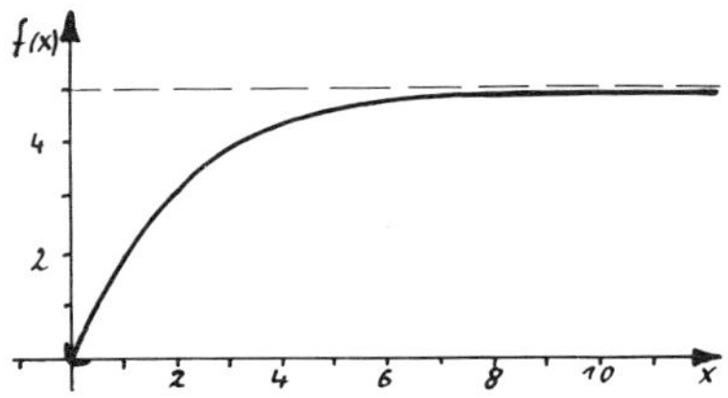

$W = \{y \mid y \leqslant 5 \wedge y \in \mathbb{R}_+\}$

h)

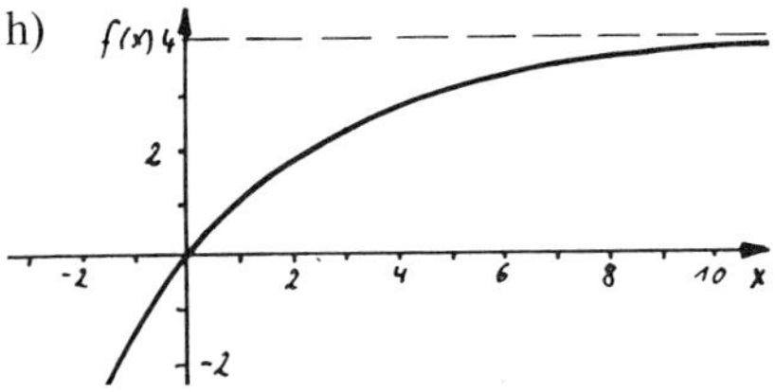

$W = \{y \mid y < 4 \wedge y \in \mathbb{R}\}$

j)

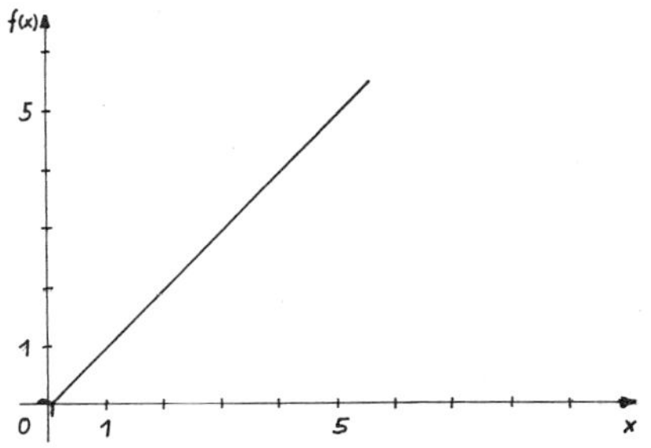

$D_f = \mathbb{R}_+^* \quad W = \mathbb{R}_+^*$

k)

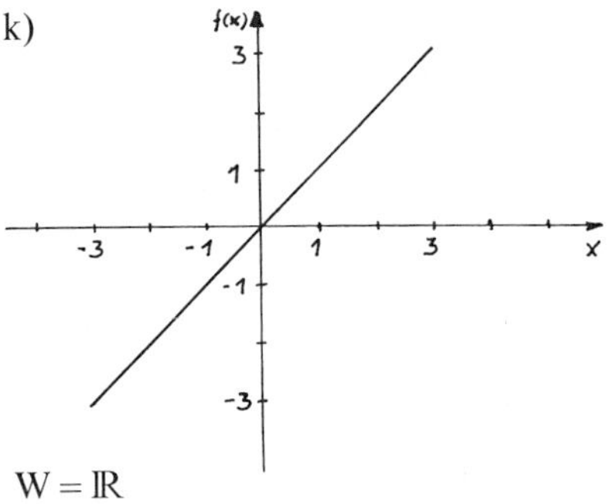

$W = \mathbb{R}$

l)

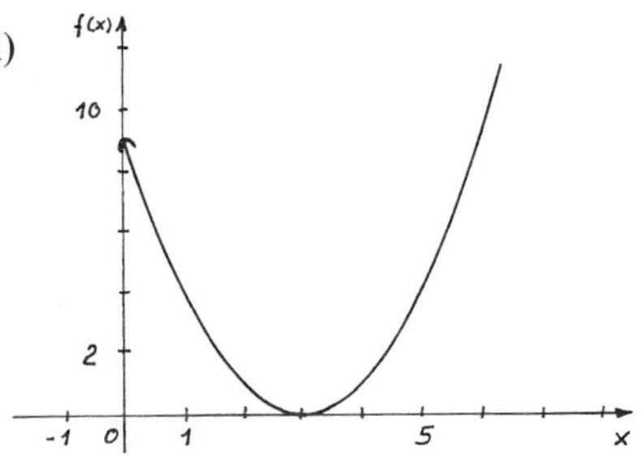

$W = \mathbb{R}_+$

2. a) $f^{-1}\colon y = \dfrac{\ln x}{\ln 5} - 3 = \log_5 x - 3;\ D_{f^{-1}} = \mathbb{R}_+^*$

b) $f^{-1}\colon y = \operatorname{lb} x - 2;\ D_{f^{-1}} = \mathbb{R}_+^*$

c) $f^{-1}\colon y = \ln x - \ln 3 + 2;\ D_{f^{-1}} = \mathbb{R}_+^*$

d) $f^{-1}\colon y = 10^{x-1};\ D_{f^{-1}} = \mathbb{R}$

e) $f^{-1}\colon y = 5^{0{,}5x-1};\ D_{f^{-1}} = \mathbb{R}$

f) $f^{-1}\colon y = e^{\frac{x}{3}} - 2;\ D_{f^{-1}} = \{x \mid x \geqslant 3 \cdot \ln 2 \wedge x \in \mathbb{R}\}$

g) $f^{-1}\colon y = -2 - \dfrac{\lg x}{\lg 4};\ D_{f^{-1}} = [0{,}0625;\ \infty[$

h) $f^{-1}\colon y = 0{,}2\,\dfrac{\lg x}{\lg e} = 0{,}2 \ln x;\ D_{f^{-1}} = \mathbb{R}_+^*$

i) $f^{-1}\colon y = -3 - \dfrac{\lg x}{\lg e} = -3 - \ln x;\ D_{f^{-1}} =]0;\ 0{,}04978\ldots[$

3. f: $y = 150000 \cdot 1{,}06^x;\ D_f = \mathbb{R}_+;\ W_f = \{x \mid y \geqslant 150000 \wedge y \in \mathbb{R}\}$

$f^{-1}\colon\ y = \dfrac{\ln x - \ln 150000}{\ln 1{,}06};\ D_{f^{-1}} = \{x \mid x \geqslant 150000 \wedge x \in \mathbb{R}\}$

Verdopplung in $f^{-1}(300000) = 11{,}89$ Jahren.

4. f: $\dfrac{I}{I_0} = f(x) = y = e^{-0{,}2x};\ D_f = [0;\ 20];\ W_f = [e^{-4};\ 1] \approx [0{,}018;\ 1]$

$f^{-1}\colon y = -5 \ln x;\ D_{f^{-1}} = [e^{-4};\ 1]$ Intensität 10% bei $f^{-1}(0{,}1) = 11{,}513$ cm Wanddicke.

1. $30° = \frac{\pi}{6}$ rad; $45° = \frac{\pi}{4}$ rad; $80° = 1{,}396$ rad; $115° = 2{,}007$ rad; $210° = \frac{7\pi}{6}$ rad;

   $347° = 6{,}056$ rad; $590° = 10{,}297$ rad; $845° = 14{,}748$ rad; $-120° = -\frac{2\pi}{3}$ rad;

   $-465° = -8{,}116$ rad.

2. 1 rad $= 57{,}296°$; $2{,}5\,\pi$ rad $= 450°$; $0{,}25$ rad $= 14{,}324°$; 10 rad $= 572{,}958°$;
   $7{,}5$ rad $= 429{,}718°$; $3{,}25\,\pi$ rad $= 585°$; 25 rad $= 1432{,}394°$;
   $-3{,}5$ rad $= -200{,}535°$; -12 rad $-687{,}549°$.

3. Grad in Radiant: $\hat{\alpha} = \frac{\alpha° \cdot \pi}{180}$ bzw. f: $y = \frac{x \cdot \pi}{180}$; $D = \mathbb{R}$

   Radiant in Grad: $\alpha° = \frac{\hat{\alpha} \cdot 180}{\pi}$ bzw. f^{-1}: $y = \frac{x \cdot 180}{\pi}$; $D_{f^{-1}} = \mathbb{R}$

4. 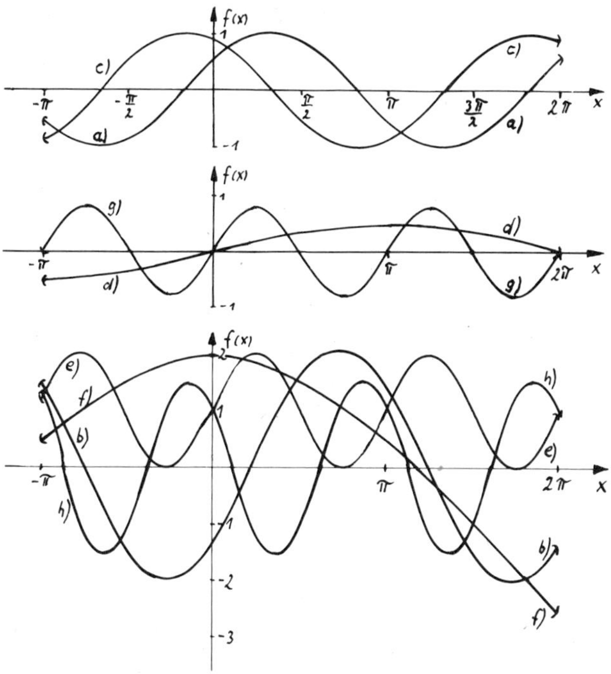

5. 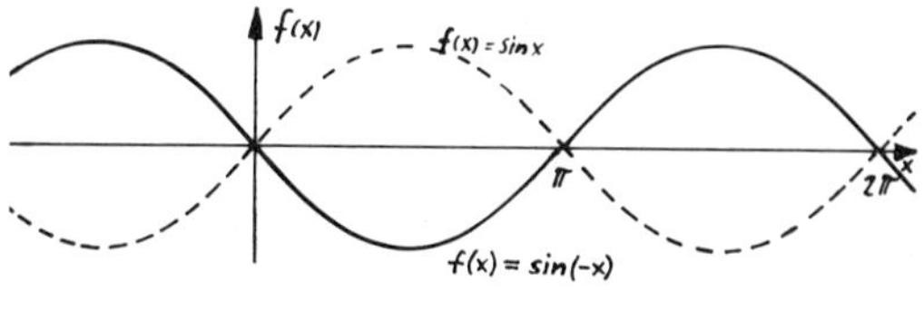

   Beide Graphen liegen zueinander symmetrisch zur f(x)-Achse.

6. a) In Aufg. 5 ist der Graph von $f(x) = \sin(-x)$ gezeichnet.
   $f(x) = \sin(-x + \pi)$ ergibt einen Graphen, der um π nach rechts verschoben ist und mit der gestrichelten Kurve ($f(x) = \sin x$) übereinstimmt.

6. b)

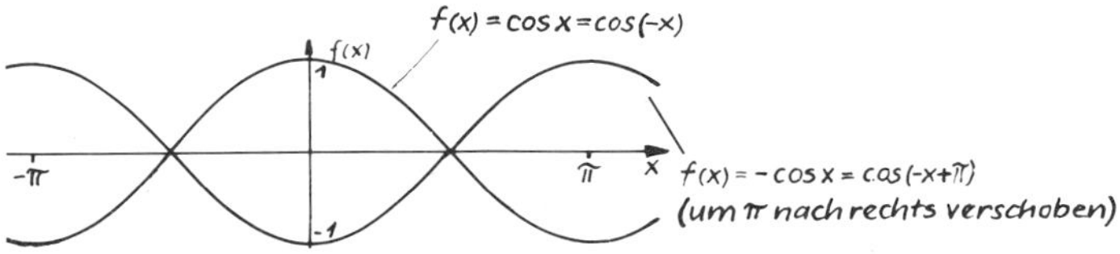

c) Der Graph von $f(x) = \sin(-x)$ ist um $\frac{\pi}{2}$ nach rechts verschoben und ergibt damit $f(x) = \cos x$ (vgl. Aufg. 5).

d) Der Graph von $f(x) = \cos(-x) = \cos x$ ist um $\frac{\pi}{2}$ nach rechts verschoben und ergibt so $f(x) = \sin x$ (vgl. Skizze zu b).

7. Die Kosinusfunktion ist eine (phasenverschobene) Sinusfunktion.

8. Weil $\cot x = \frac{1}{\tan x}$ ist, bestimmt man zuerst $\tan x$ und dann dessen Kehrwert.

9. $\tan 1 = 1{,}557$; $\tan \frac{\pi}{3} = 1{,}732$; $\tan 3{,}5\,\pi =$ nicht def.; $\tan -1{,}5 = -14{,}101$;

$\cot \frac{\pi}{3} = 0{,}577$; $\cot \frac{\pi}{4} = 1$; $\cot 1 = 0{,}642$; $\cot 2{,}7 = -2{,}115$; $\cot 5{,}3 = -0{,}666$;

$\cot -2{,}8 = +2{,}813$

10. a) $\sin 1{,}2 = \sqrt{1-\cos^2 1{,}2} = 0{,}932$ e) $\tan 2 = \frac{\sin 2}{\sqrt{1-\sin^2 2}} = -2{,}185$

b) $\sin 3{,}5 = \sqrt{1-\cos^2 3{,}5} = -0{,}351$ f) $\tan 4{,}2 = \frac{\sqrt{1-\cos^2 4{,}2}}{\cos 4{,}2} = 1{,}778$

c) $\sin(-2) = \sqrt{1-\cos^2(-2)} = -0{,}909$ g) $\cot 3 = \frac{\cos 3}{\sqrt{1-\cos^2 3}} = -7{,}015$

d) $\cos 2{,}7 = \sqrt{1-\sin^2 2{,}7} = -0{,}904$ h) $\cot 10 = \frac{\sqrt{1-\sin^2 10}}{\sin 10} = 1{,}542$

11. $F = G \cdot \sin\alpha \Rightarrow$ f: $f(x) = 1000 \cdot \sin x$; $D = \left[0; \frac{\pi}{2}\right]$

12. Verh. des Abrutschens: $F = G \cdot \sin\alpha - F_R \Rightarrow$ f: $f(x) = 1500 \cdot \sin x - 200$;

Hinaufziehen: $F = G \cdot \sin\alpha + F_R \Rightarrow$ f: $f(x) = 1500 \cdot \sin x + 200$; $x \in \left[0; \frac{\pi}{2}\right]$

13. $l = h \cdot \cot\alpha \Rightarrow$ f: $f(x) = 60 \cdot \cot x$; $D = \left]0; \frac{\pi}{2}\right]$

14. $h = l \cdot \tan\alpha + h_a \Rightarrow$ f: $f(x) = 50 \cdot \tan x + 1{,}5$; $D = \left[0; \frac{\pi}{2}\right[$

15. $U = U_{max} \cdot \sin\omega t \Rightarrow$ f: $f(x) = 78 \cdot \sin \frac{50}{3} x$; $D = \mathbb{R}$

16. $U = \frac{1}{2}(U_{max} - U_{min}) \cdot \sin\omega t + \frac{1}{2}(U_{max} + U_{min}) \Rightarrow$ f: $f(x) = 6 \cdot \sin 50x + 18$; $D = \mathbb{R}$

2.13 Die Umkehrfunktion der trigonometrischen Folgen

S. 95

1. Sinusfunktion umkehrbar in $\left[-\frac{\pi}{2}; \frac{\pi}{2}\right]$ bzw. $\left[(2n-1)\frac{\pi}{2}; (2n+1)\frac{\pi}{2}\right]$;
   Kosinusfunktion umkehrbar in $[0; \pi]$ bzw. $[n\cdot\pi; (n+1)\pi]$;
   Tangensfunktion umkehrbar in $\left]-\frac{\pi}{2}; \frac{\pi}{2}\right[$ bzw. $\left](2n-1)\frac{\pi}{2}; (2n+1)\frac{\pi}{2}\right[$;
   Kotangensfunktion umkehrbar in $]0; \pi[$ bzw. $]n\cdot\pi; (n+1)\pi[$; $n\in\mathbb{Z}$.

2. $\cot x$ eingeben; Taste $\frac{1}{x}$; $\arctan x$ bzw. $\tan^{-1} x$

3. $\alpha = \arctan\frac{h}{1} \Rightarrow f\colon f(x) = \arctan\frac{50}{x} = \operatorname{arccot}\frac{x}{50}$; $D = \mathbb{R}^*_+$

4. $\alpha = \arctan\frac{h}{1} \Rightarrow f\colon f(x) = \arctan\frac{x}{300}$; $D = \mathbb{R}_+$

5. $\alpha = \arcsin\frac{500}{a} \Rightarrow f\colon f(x) = \arcsin\frac{500}{x}$; $D = \{x \mid x \geqslant 500 \wedge x\in\mathbb{R}\}$

6. $\alpha = \arcsin\frac{F}{G} \Rightarrow f\colon f(x) = \arcsin\frac{200}{x}$; $D = \{x \mid x \geqslant 200 \wedge x\in\mathbb{R}\}$

7. $x = \arctan\frac{D-d}{2\cdot 1}$

2.14 Besondere Funktionen

S. 95

1. Die Graphen aller drei Funktionen haben mit Parallelen zur x-Achse mehrere Punkte gemeinsam.

2. Betragsfunktion: umkehrbar in $D = \mathbb{R}_+$
   Gaußfunktion: umkehrbar in $D = \mathbb{Z}$
   Vorzeichenfunktion: umkehrbar in $D = \{-1; 0; 1\}$

3. 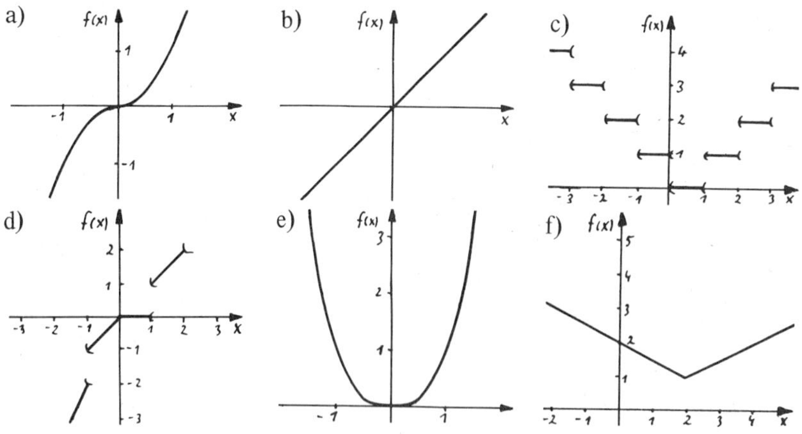

3. g)

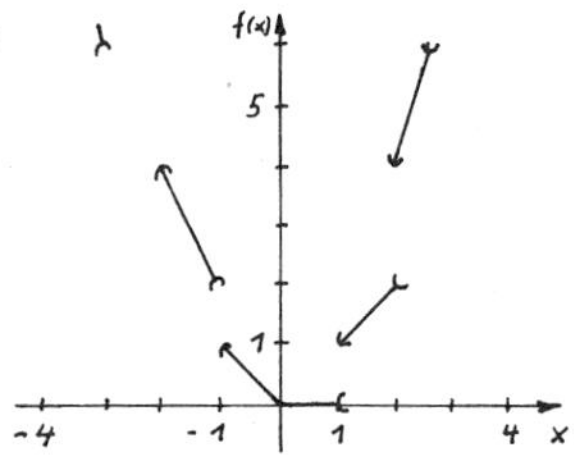

4. $s=[t]+1 \Rightarrow f\colon\ f(x)=[x]+1; \quad D=\mathbb{R}_+$

5.

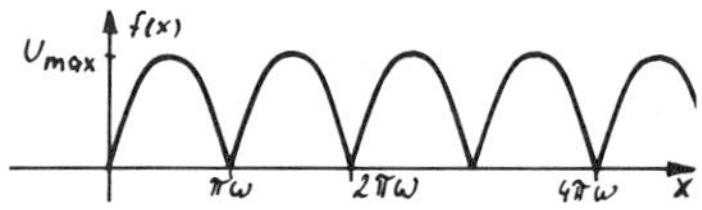

$U = U_{max} \cdot |\sin \omega t| \Rightarrow f(x) = U_{max} \cdot |\sin \omega x|$

6. a) $f(x)=\frac{1}{2}\,|x+4|+1$ b) $f(x)=-\,|x-4|+4$ c) $f(x)=[-x]$ d) $f(x)=-2\cdot \operatorname{sign} x$

Prüfen Sie Ihr Wissen zu Kapitel 2 S. 96, 97

1. a)

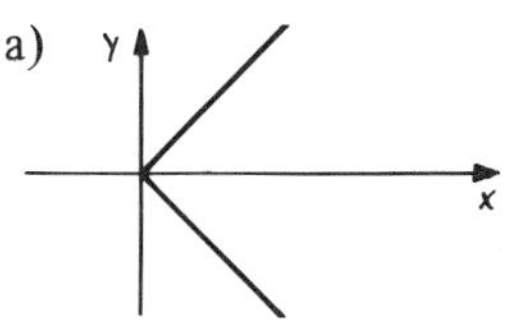

keine Funktion

b)

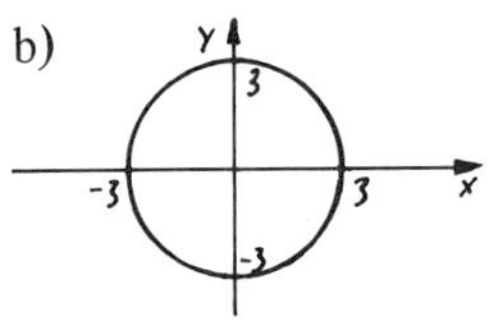

keine Funktion

c)

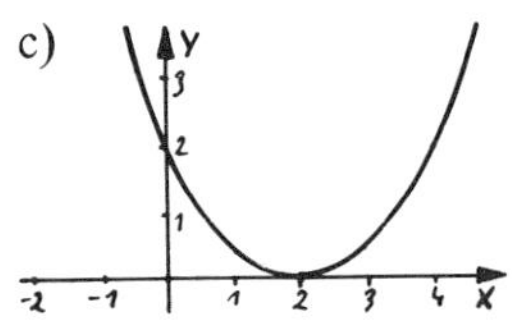

Funktion

2. a)

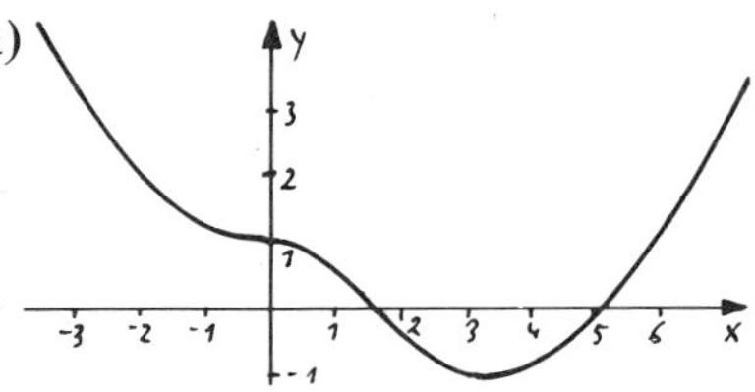

Funktion

b)

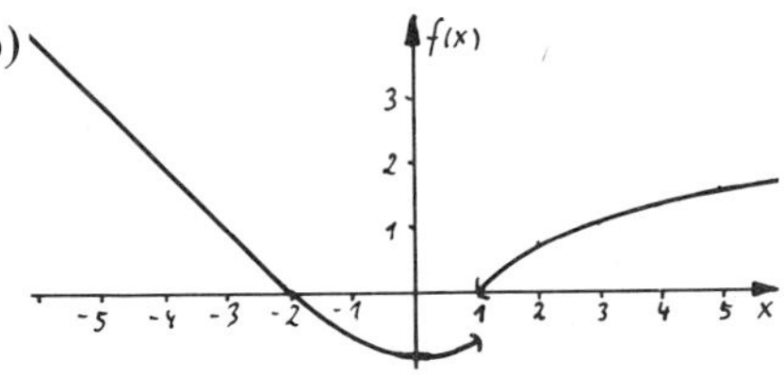

keine Funktion

3. Steigung m ist das Verhältnis von Gegenkathete zu Ankathete des Steigungswinkels α im Steigungsdreieck einer Geraden, also $m=\tan\alpha$.

4. a) $f(x)=-\frac{2}{3}x+2$ b) $f(x)=\frac{3}{4}x+3$ c) $f(x)=\frac{19}{30}x+\frac{223}{30}$

5. $W=[-11;\,5[$ 6. $W=[-20;\ -4]$

7. $f(x)=\left(\frac{2}{3}x\right)^2=\frac{4}{9}x^2$. Die Parabel ist mit $a=\frac{4}{9}$ gestaucht.

8. a) $f(x)=\frac{1}{3}(x-3)^2+1$; $S(3;\,1)$

b) $f(x)=0{,}25\,(x+4)^2+2$; $S(-4;\,2)$

c) $f(x)=-4\,(x-1{,}5)^2-4$; $S(1{,}5;\,-4)$

9. a) $f(x) = -2x^2 + 2x + 1{,}5$ b) $f(x) = \frac{4}{9}x^2 - 4x + 6{,}3$

10. a)

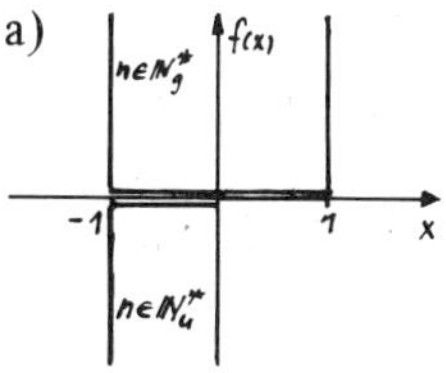

b)

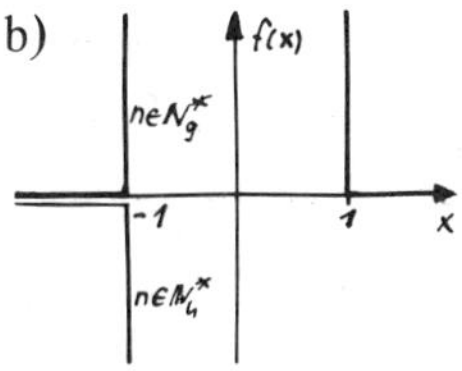

11. a) $D_{max} = \mathbb{R}$ b) $D_{max} = \mathbb{R} \setminus \{2\}$ c) $D_{max} = \mathbb{R} \setminus \{-4\}$

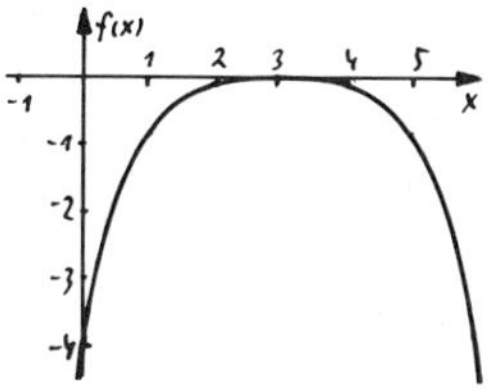

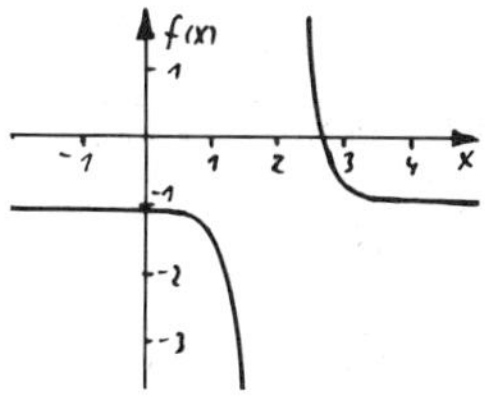

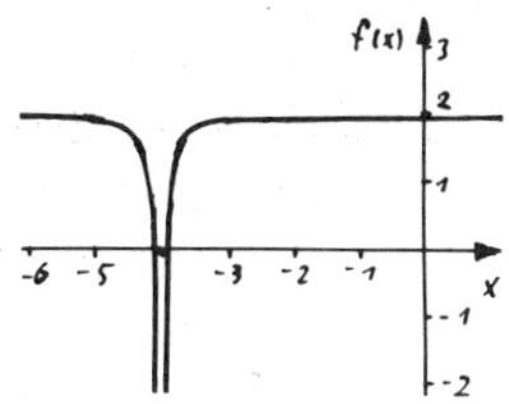

12. Jede Nullstelle einer ganzrationalen Funktion führt zu einem Linearfaktor, der durch eine Polynomdivision aus dem Funktionsterm abgespalten werden kann. Da der Funktionsterm n-ten Grades nur aus maximal n Linearfaktoren entstanden sein kann, sind auch nur maximal n Nullstellen möglich.

13. a) $x_{01} = -2{,}18$; $x_{02} = 2{,}18$ b) $x_{01} = -2$; $x_{02} = -1{,}41$; $x_{03} = 1{,}41$

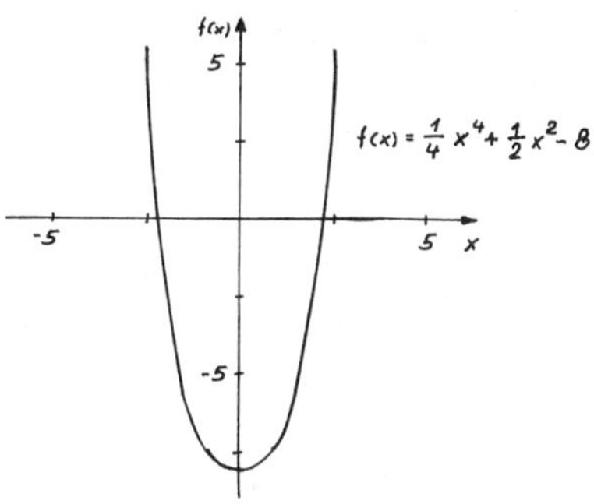

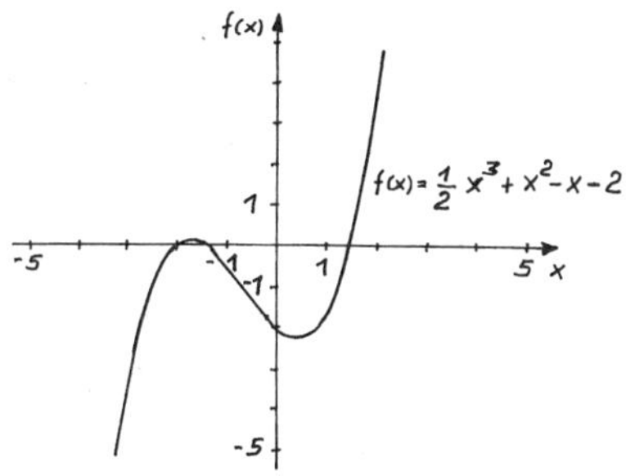

c) $x_{01} = -1{,}17$; $x_{02} = 0$; $x_{03} = 1{,}17$ d) $x_{01} = -2$; $x_{02} = 2$; $x_{03} = 3$

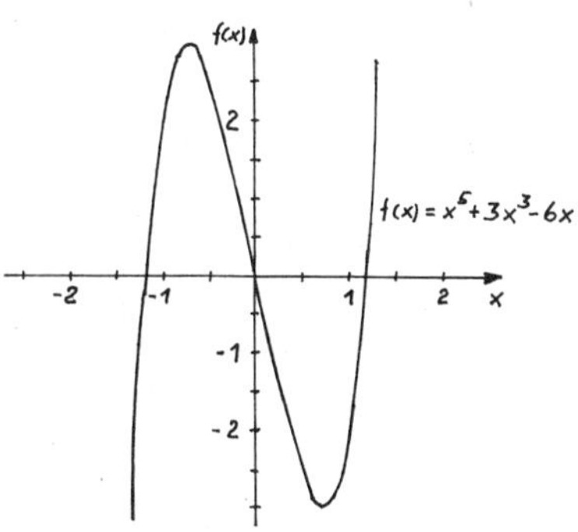

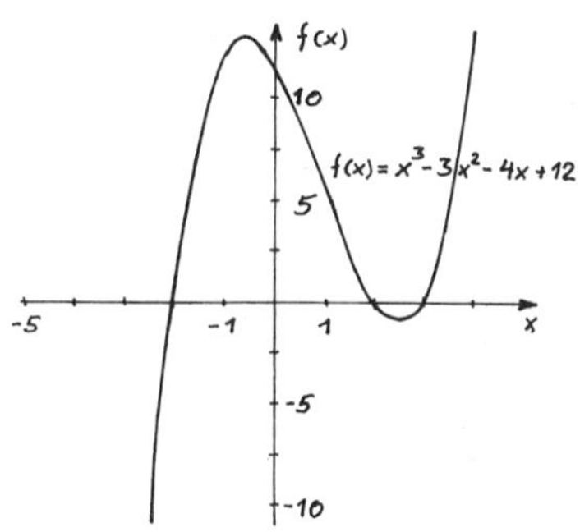

14. a) $D = \mathbb{R}^*$
$x_{01} = -1$
Pol: $x_P = 0$
Asymptote: $y_A = x^2$

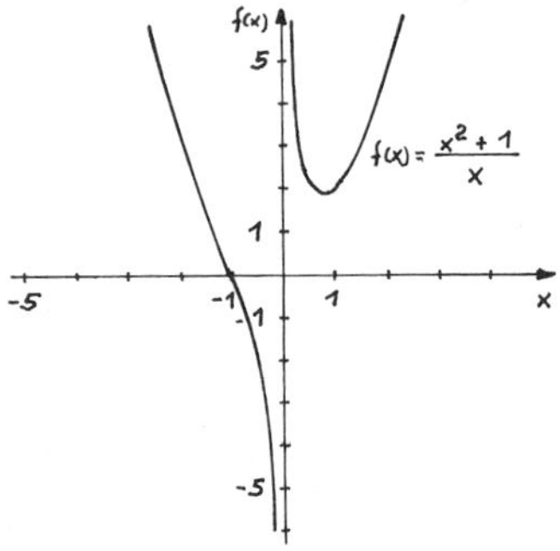

b) $D = \mathbb{R} \setminus \{-2\}$
$x_{01} = 0$
$f(0) = 0$
Lücke: $x_L = 2$
Asymptote: $y_A = x^2 - 2x$

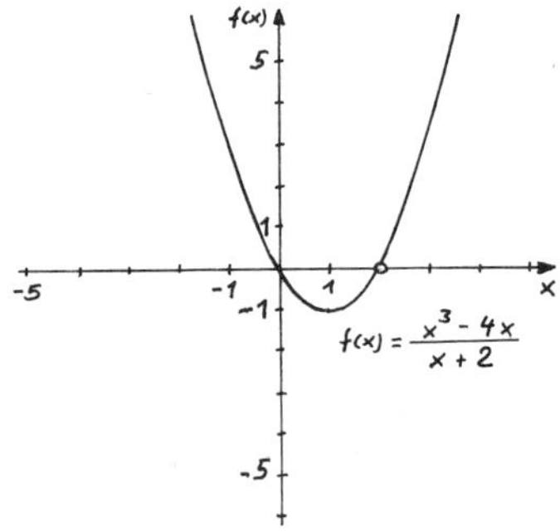

c) $D = \mathbb{R}^*$
$x_{01} = -1$
Pol: $x_P = 0$
Asymptote: $y_A = x$

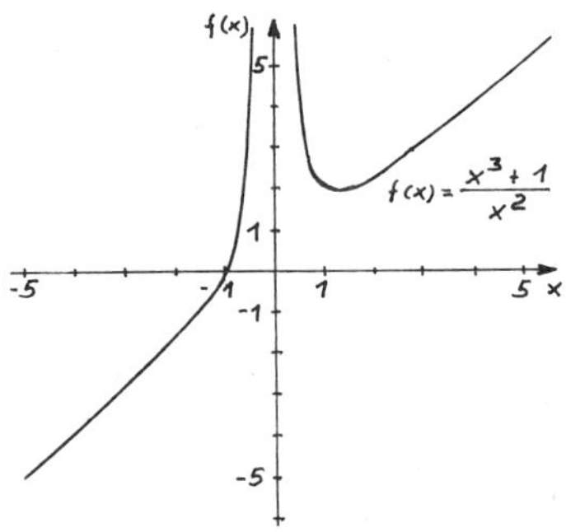

d) $D = \mathbb{R} \setminus \{-2; 2\}$
$x_{01} = 0$
$f(0) = 0$
Lücke: $x_L = -2$
Pol: $x_P = 2$
Asymptote: $y_A = 1$

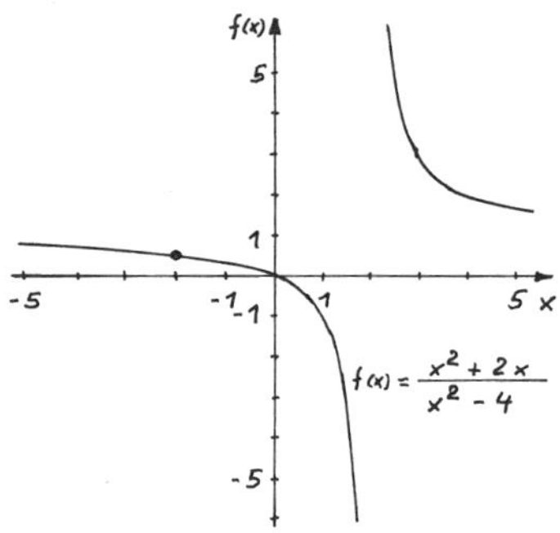

15. Der Graph ist parallel zur x-Achse; seine Spiegelung an der Winkelhalbierenden ist parallel zur y-Achse. Umkehrrelation: $x = a$.

16. a) f^{-1}: $y = 0{,}75x + 1{,}5$; $D = \mathbb{R}$

c) f^{-1}: $y = -\frac{1}{3}x + \frac{1}{3}$; $D = [-17; 1]$

b) f^{-1}: $y = \frac{2}{3}x + 2$; $D = [-7{,}5; 6[$

d) f^{-1}: $y = -5x + 50$; $D =]-20; 9{,}6[$

17. a) f^{-1}: $y = \sqrt{0{,}5(x+1)} - 1$; $D_{f^{-1}} = \{x \mid x \geq 1 \wedge x \in \mathbb{R}\}$
b) nicht umkehrbar, weil der Parabelscheitel in D liegt ($x_S = 2$).
c) f^{-1}: $y = \sqrt{-4x+16}$; $D_{f^{-1}} = \{x \mid x \leq 4 \wedge x \in \mathbb{R}\}$
d) nicht umkehrbar, weil der Parabelscheitel in D liegt ($x_S = 2{,}5$).

18. a) $D_f = \mathbb{R}_+$; $D_{f^{-1}} = \{x \mid x \geqq -1 \wedge x \in \mathbb{R}\}$
b) $D_f = \{x \mid x > 2 \wedge x \in \mathbb{R}\}$; $D_{f^{-1}} = \mathbb{R}_+^*$
c) $D_f = \{x \mid x \geqq 2 \wedge x \in \mathbb{R}\}$; $D_{f^{-1}} = \mathbb{R}_+$

19. a) $y = -x^3 + 2$ c) $y = \sqrt{\frac{3}{x}} - 3$

b) $y = \sqrt[4]{0{,}5x} - 1$ d) $y = \frac{3}{x} + 9$

20. Logarithmen sind Funktionswerte der Logarithmusfunktionen. Sie existieren nur für Zahlen, die zu deren Definitionsbereich gehören. Negative Zahlen gehören nicht dazu, weil sie im Wertebereich der Exponentialfunktionen nicht vorkommen.

21. a, b)

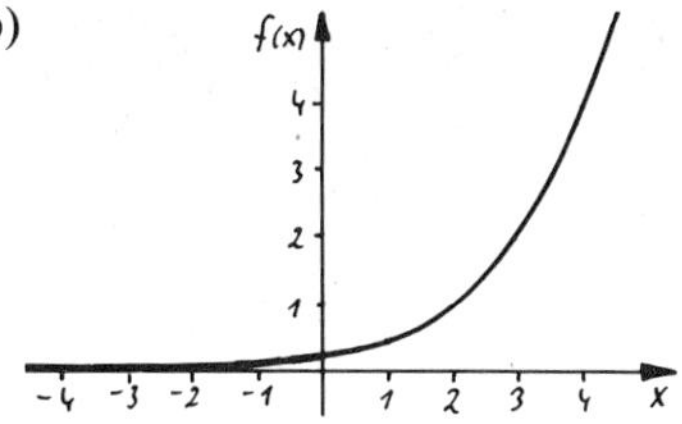

c, d)

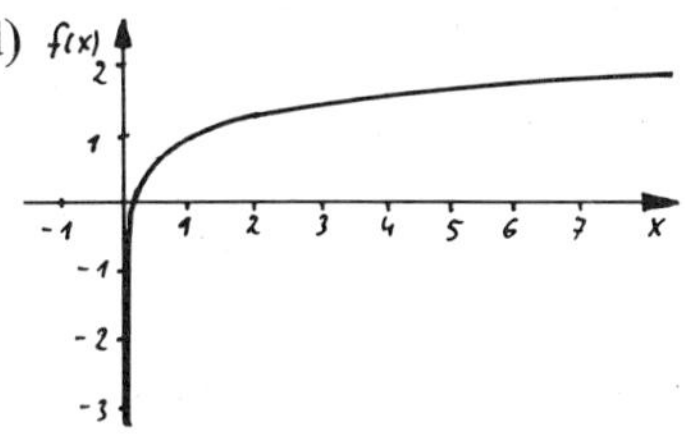

$f(x) = 0{,}25 \cdot 2^x = 2^{-2} \cdot 2^x = 2^{x-2}$
Die Gleichungen von a) und b) beschreiben die gleiche Kurve. Bei einer Exponentialfunktion ergibt eine Verschiebung in x-Richtung das gleiche wie eine Stauchung in f(x)-Richtung.
$f(x) = \lg 10x = \lg 10 + \lg x = 1 + \lg x$
s. o.
Bei einer Logarithmusfunktion ergibt eine Verschiebung in f(x)-Richtung das gleiche wie eine Stauchung in x-Richtung.

22. $f(x) = a^x$ ergibt für $x = 1$ $f(1) = a^1 = a$; Basis ist also $a = f(1)$.

23. $f(x) = = \log_a x$ ergibt für $x = a$ $f(a) = 1$; Basis also bei $f(x) = 1$.

24. a) Periodenlänge 2π

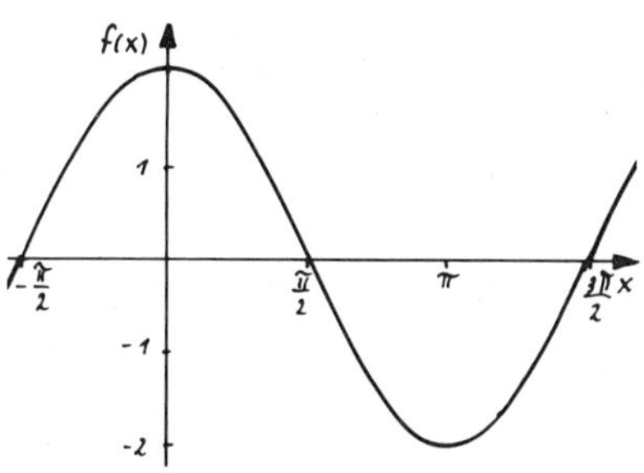

b) Periodenlänge 2π

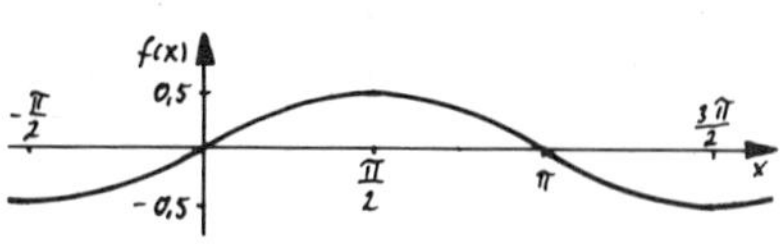

c) Periodenlänge $\frac{2\pi}{3}$

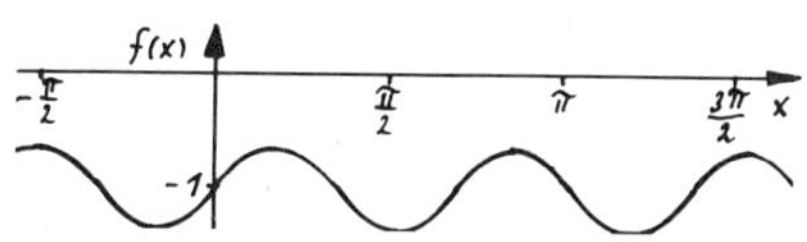

d) Periodenlänge 4π

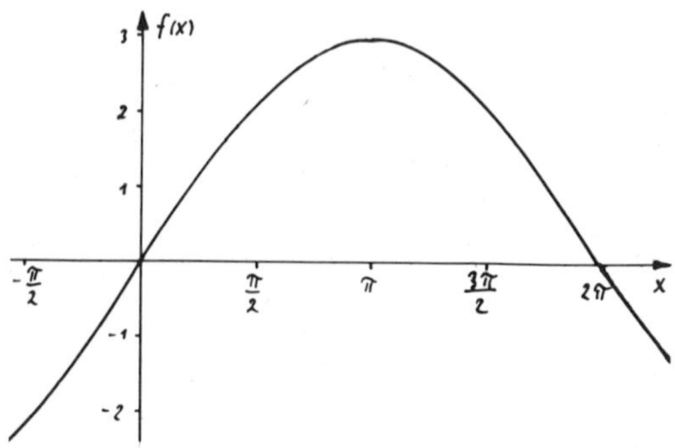

24. e) Periodenlänge π

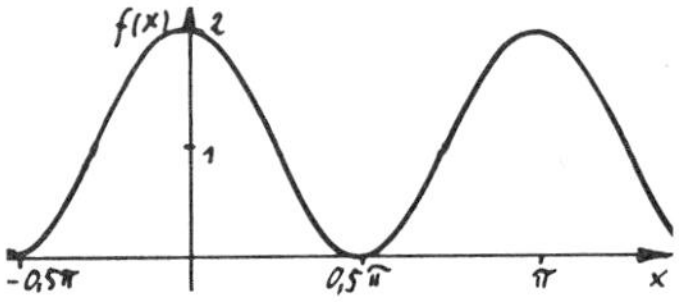

f) Periodenlänge π

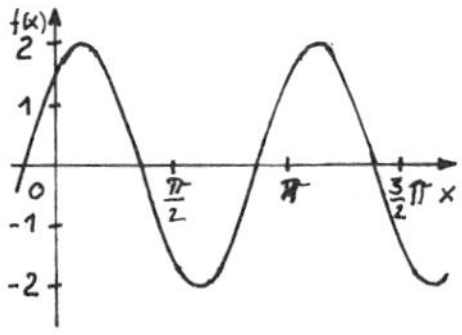

25. a)

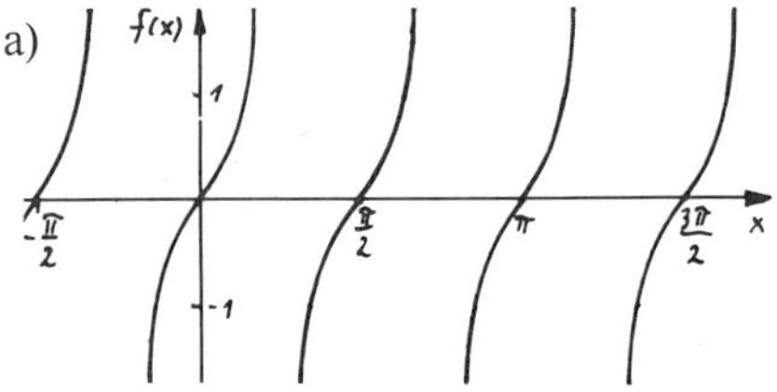

$D = \mathbb{R} \setminus \left\{ \pm\frac{\pi}{4};\ \pm\frac{3\pi}{4};\ \pm\frac{5\pi}{4};\ \ldots \right\}$

b)

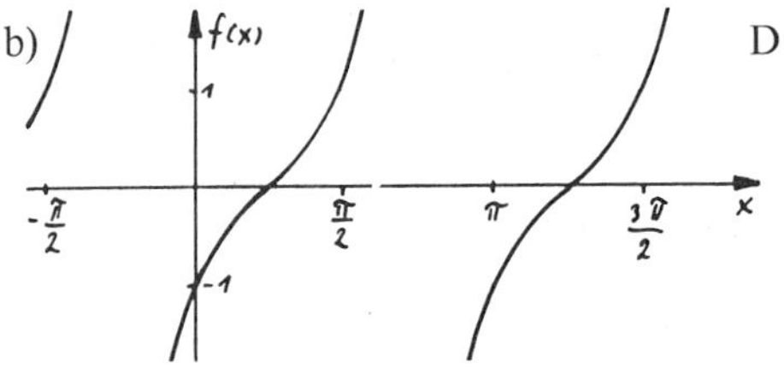

$D = \mathbb{R} \setminus \left\{ \ldots -\frac{5\pi}{4};\ -\frac{\pi}{4};\ \frac{3\pi}{4};\ \frac{7\pi}{4};\ \ldots \right\}$

c)

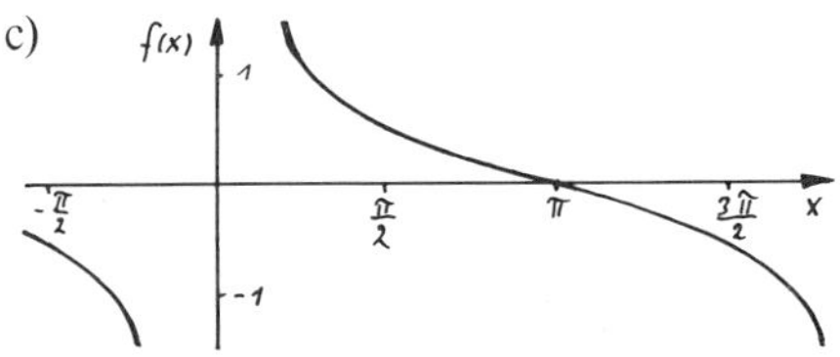

$D = \mathbb{R} \setminus \{0;\ \pm 2\pi;\ \pm 4\pi;\ \ldots\}$

d)

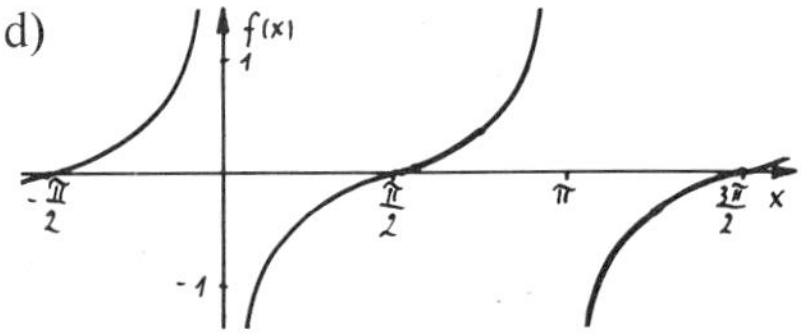

$D = \mathbb{R} \setminus \{0;\ \pm\pi;\ \pm 2\pi;\ \pm 3\pi;\ \ldots\}$

26. zu 24: a) $D = [0;\ \pi]$ c) $D = \left[-\frac{\pi}{6};\ \frac{\pi}{6}\right]$ e) $D = \left[0;\ \frac{\pi}{2}\right]$

b) $D = \left[-\frac{\pi}{2};\ \frac{\pi}{2}\right]$ d) $D = [-\pi;\ \pi]$ f) $D = \left[\frac{\pi}{8};\ \frac{5\pi}{8}\right]$

zu 25: a) $D = \left]-\frac{\pi}{4};\ \frac{\pi}{4}\right[$ c) $D =]0;\ 2\pi[$

b) $D = \left]-\frac{\pi}{4};\ \frac{3\pi}{4}\right[$ d) $D =]0;\ \pi[$

27. a) $D_{max} = \mathbb{R}^*$

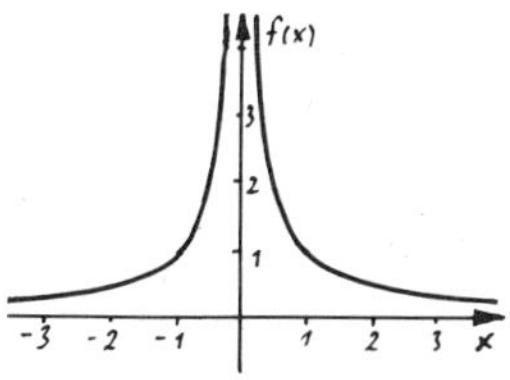

b) $D_{max} = \mathbb{R} \setminus [0; 1[$

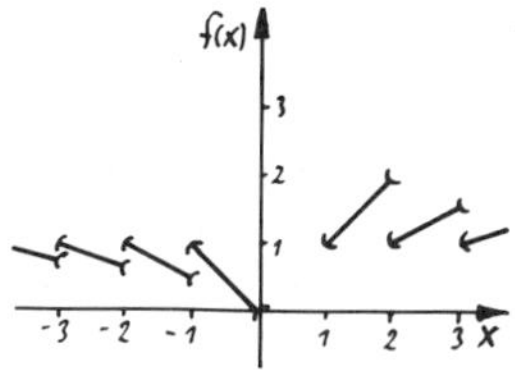

c) $D_{max} = \mathbb{R} \setminus [0; 1[$

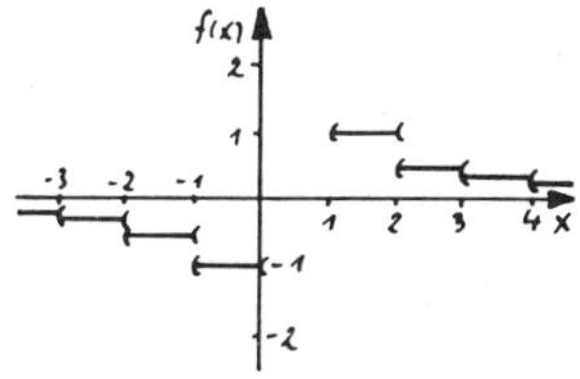

d) $D_{max} = \mathbb{R}$

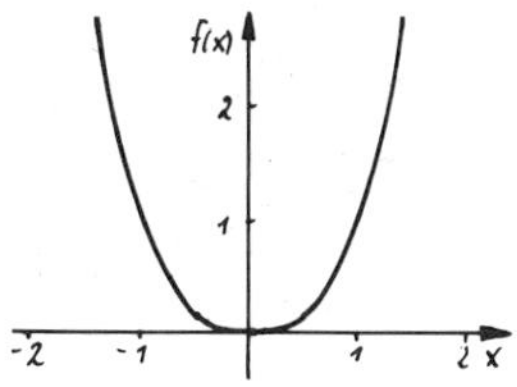

e) $D_{max} = \mathbb{R}$

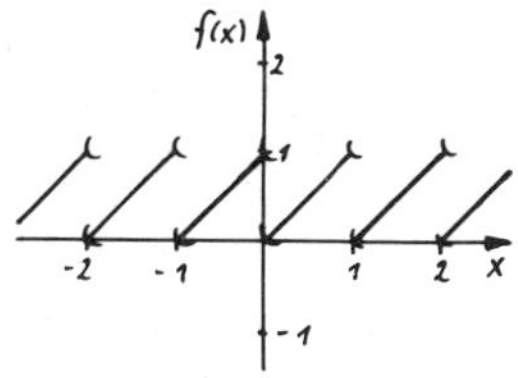

f) $D_{max} = \mathbb{R}$

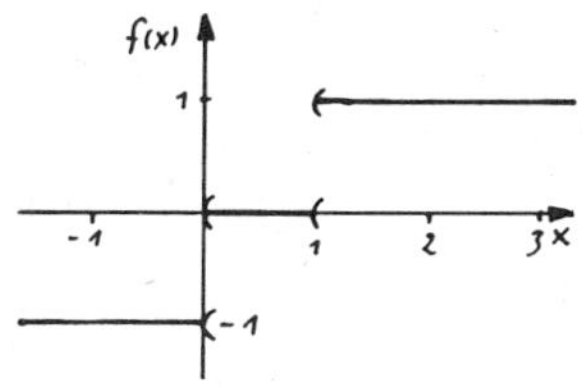

g) $D_{max} = \mathbb{R}$

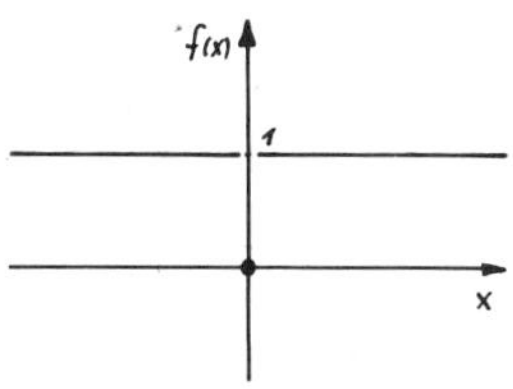

h) $D_{max} = \mathbb{R}$

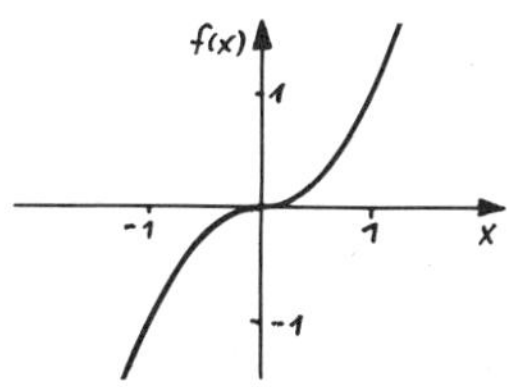

i) $D_{max} = \mathbb{R}$

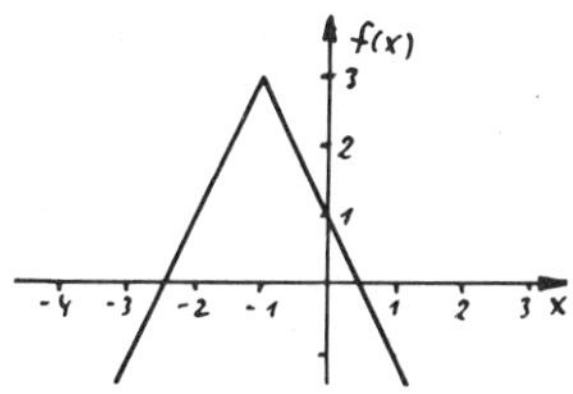

28. $\left.\begin{array}{ll}\text{Betrag der Steuer:} & f_1(x) = 0{,}22x - 1045{,}66; \\ \text{Nettoeinkommen:} & f_2(x) = x - f_1(x) = 0{,}78x + 1045{,}66\end{array}\right\}$ $D = [4753;\ 18053]$

29. $P = R \cdot I^2 \Rightarrow f\colon\ y = R \cdot x^2;\ D_f = \mathbb{R}_+$ R ist Streckungs- oder Stauchungsfaktor der Parabel. $f^{-1}\colon\ y = \sqrt{\frac{x}{R}};\ D_{f^{-1}} = \mathbb{R}_+ \Rightarrow I = \sqrt{\frac{P}{R}}$

30. $K_n = 5000 \cdot 1{,}075^n \Rightarrow f\colon\ y = 5000 \cdot 1{,}075^x;\ D_f = \mathbb{R}_+$

$f^{-1}\colon\ y = \frac{\lg x - \lg 5000}{\lg 1{,}075};\ D_{f^{-1}} = \{x \mid x \geqq 5000 \wedge x \in \mathbb{R}\}$ Verdopplung in 9,58 Jahren.

31. $s = 5 \cdot \sin 4 \cdot 2\pi \cdot t \Rightarrow f\colon\ f(x) = 5 \cdot \sin 8\pi x;\ D = \mathbb{R}_+$

32. $F = \frac{b \cdot L}{a} = \frac{50 \cdot 300}{a} \Rightarrow f\colon\ y = \frac{15000}{x};\ D_f = \mathbb{R}_+^*$

$f^{-1}\colon\ y = \frac{15000}{x};\ D_{f^{-1}} = \mathbb{R}_+^*$ beschreibt die Abhängigkeit des Kraftarmes von der Kraft.

3 Folgen, Grenzwert, Stetigkeit

3.1 Begriff der Folge

S. 110

1. Für den Definitionsbereich D gilt bei einer Folge immer $D \subseteq \mathbb{N}$, während bei anderen Funktionen auch D eine echte oder unechte Teilmenge von $\mathbb{Z}$; $\mathbb{Q}$ oder $\mathbb{R}$ sein kann.

2. a) $a_1 = 2$; $a_2 = 5$; $a_3 = 8$; $a_4 = 11$; $a_5 = 14$; $a_6 = 17$; $a_{30} = 89$
   b) $a_1 = 4$; $a_2 = 8$; $a_3 = 12$; $a_4 = 16$; $a_5 = 20$; $a_6 = 24$; $a_{30} = 120$
   c) $a_1 = 1$; $a_2 = \frac{1}{2}$; $a_3 = \frac{1}{3}$; $a_4 = \frac{1}{4}$; $a_5 = \frac{1}{5}$; $a_6 = \frac{1}{6}$; $a_{30} = \frac{1}{30}$
   d) $a_1 = 2$; $a_2 = \frac{3}{2}$; $a_3 = \frac{4}{3}$; $a_4 = \frac{5}{4}$; $a_5 = \frac{6}{5}$; $a_6 = \frac{7}{6}$; $a_{30} = \frac{31}{30}$
   e) $a_1 = -1$; $a_2 = +\frac{2}{3}$; $a_3 = -\frac{1}{2}$; $a_4 = +\frac{2}{5}$; $a_5 = -\frac{1}{3}$; $a_6 = +\frac{2}{7}$; $a_{30} = +\frac{2}{31}$
   f) $a_1 = -\frac{1}{3}$; $a_2 = -2$; $a_3 = 9$; $a_4 = \frac{8}{3}$; $a_5 = \frac{25}{13}$; $a_6 = \frac{18}{11}$; $a_{30} = \frac{450}{419}$

3. a)

Weil die Folgeglieder mit größerem n immer näher an der 2 liegen, sind sie nicht mehr einzeln zeichnerisch darstellbar.

b)

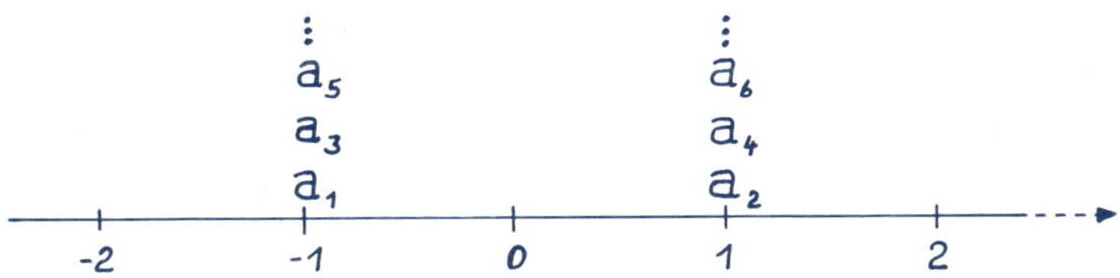

c)

4. a) $a_n = \frac{n}{n+1}$
   b) $a_n = n + 2$
   c) $a_n = 2^n$
   d) $a_n = n^4$
   e) $a_n = (n-1)^2$

3.2 Arithmetische Folge

S. 110

1. a) $a_{12} = 50$
   b) $a_1 = 5$
   c) $n = 23$
   d) $a_1 = 0{,}75$
   e) $a_{17} = -17$
   f) $n = 32$
   g) $a_9 = 4{,}25$
   h) $a_1 = 7{,}75$
   i) $d = 1{,}5$

2. $a_1 = 2{,}5$ $(a_1 = -28{,}4)$

3. a) Das Bildungsgesetz lautet: $a_n = 9 + (n-1)(-11)$; $\left(a_n = \frac{142}{5} + (n-1) \cdot \frac{-152}{55}\right)$.

   b) Die Folge in aufzählender Form lautet:

   $(a_n) = (9;\ -2;\ -13;\ \ldots -90)$; $\left((a_n) = \left(\frac{142}{5};\ \frac{1410}{55};\ \frac{1258}{55};\ \ldots -2\right)\right)$.

4. $(a_n) = (2 + (n-1) \cdot 0{,}5)$; $n \in \mathbb{N}^*$ und $n \leqslant 17$

5. $a_n = 24 + (n-1) \cdot (-2{,}4)$

6. Das Bildungsgesetz der AF lautet: $a_n = -8 + (n-1) \cdot 3$; $\Big(a_n = 9 + (n-1) \cdot (-2)$ oder $a_n = -\frac{293}{9} + (n-1) \cdot \frac{50}{9}\Big)$.

7. Die Folge lautet: $(a_n) = (2;\ 40;\ 78;\ 116;\ 154)$.

8. $(a_n) = (6 + (n-1) \cdot 2)$; $n \in \mathbb{N}^*$ und $n \leqslant 10$

9. $a_n = 60 + (n-1) \cdot 58$

10. $a_n = 48 + (n-1) \cdot 50$

11. In der 9. (13.) Reihe sind $a_9 = 57$ $(a_{13} = 45)$ Stühle.

3.3 Geometrische Folgen

S. 111–112

1. a) $a_6 = -972$ d) $q = -\frac{1}{2}$ g) $q = 2$

   b) $a_1 = 3$ e) $a_4 = 5$ h) $n = 7$

   c) $n = 5$ f) $a_5 = -3125$ i) $a_1 = 972$

2. a) $a_n = 1 \cdot 5^{n-1} = 5^{n-1}$ b) $b_n = 3 \cdot 3^{n-1} = 3^n$ c) $c_n = 1 \cdot 0{,}25^{n-1} = 0{,}25^{n-1}$

3. a) Das Bildungsgesetz lautet: $a_n = 50 \cdot 4^{n-1}$; $\left(a_n = (-2) \cdot \left(\frac{1}{2}\right)^{n-1}\right)$.

   b) Die Folge lautet: $(a_n) = (50;\ 200;\ 800)$; $\left((a_n) = \left(-2;\ -1;\ -\frac{1}{2};\ \ldots -\frac{1}{64}\right)\right)$.

4. Das Anfangsglied der Folge ist $a_1 = 4$ $(a_1 = 1)$.

5. Die Folge ist $(a_n) = (1;\ 3;\ 9;\ 27;\ 81;\ 243)$.

6. $(b_n) = (16 \cdot 1{,}5^{n-1})$; $n \in \mathbb{N}^*$ und $n \leqslant 5$

7. $(a_n) = (\sqrt[5]{10}^{\,n-1})$; $n \in \mathbb{N}^*$ und $n \leqslant 6$ $\quad ((b_n) = (\sqrt[20]{10}^{\,n-1})$; $n \in \mathbb{N}^*$ und $n \leqslant 21)$

8. $a_n = (1 : 2{,}5) \cdot 0{,}5^{n-1} = 0{,}4 \cdot 0{,}5^{n-1}$

9. $a_n = (1 : 25\,000) \cdot 0{,}5^{n-1} = 0{,}00004 \cdot 0{,}5^{n-1}$

10. $\varphi_n \approx 1{,}12 \cdot 1{,}125^{n-1}$

11. Übrig bleiben $a_7 \approx 4{,}67\%$.

12. $(a_n) = ((700 \cdot \sqrt[4]{0{,}5^3}) \cdot \sqrt[4]{0{,}5}^{\,n-1}) \approx (416{,}22 \cdot \sqrt[4]{0{,}5}^{\,n-1})$; $n \in \mathbb{N}^*$ und $n \leqslant 8$

13. Es muß von $a_{11} \approx 11\,042$ Kraftfahrzeugen ausgegangen werden.

14. Es ist $q = 1{,}029$ und somit die Wachstumsrate $p = 2{,}9\%$.

15. a) Im Planungsjahr 1976 hatte die Stadt 34649 Einwohner.
b) Im Jahr 1985 hat die Stadt 49316 Einwohner.

16. $a_n = 625 \cdot \left(\frac{1}{5}\right)^{n-1}$.

17. $(a_n) = \left(\frac{4}{\sqrt[3]{1{,}75^2}} \cdot \sqrt[9]{1{,}75}^{\,n-1}\right)$; $n \in \mathbb{N}^*$ und $n \leqslant 16$

$\left((a_n) = \left(\frac{9}{\sqrt[3]{\frac{2}{3}}} \cdot \sqrt[12]{\frac{2}{3}}^{\,n-1}\right);\ n \in \mathbb{N}^* \text{ und } n \leqslant 17\right)$

18. $a_n = 27 \cdot \left(\frac{1}{3}\right)^{n-1}$ oder $a_n = 27 \cdot \left(-\frac{4}{3}\right)^{n-1}$

19. $a_n = 20{,}25 \left(\frac{2}{3}\right)^{n-1}$ oder $a_n = 20{,}25 \left(-\frac{2}{3}\right)^{n-1}$ oder

$a_n = 4 \cdot 1{,}5^{n-1}$ oder $a_n = 4 \cdot (-1{,}5)^{n-1}$

$\left(a_n = 27 \cdot \sqrt{\frac{8}{27}}^{\,n-1}\right.$ oder $a_n = 27 \cdot \left(-\sqrt{\frac{8}{27}}\right)^{n-1}$ oder

$a_n = 8 \cdot \sqrt{\frac{27}{8}}^{\,n-1}$ oder $\left.a_n = 8 \cdot \left(-\sqrt{\frac{27}{8}}\right)^{n-1}\right)$

20. $a_n = 27 \cdot \left(\frac{4}{3}\right)^{n-1}$ oder $a_n = 27 \cdot \left(-\frac{4}{3}\right)^{n-1}$ oder

$a_n = 48 \cdot 0{,}75^{n-1}$ oder $a_n = 48 \cdot (-0{,}75)^{n-1}$

21. Höhe $h = 214748364{,}8$ mm $\approx 214{,}75$ km

22. $(a_n) = (100 \cdot 0{,}97^{n-1})$; $n \in \mathbb{N}^*$

23. $A = 1\ \text{cm}^2$

24. $(a_n) = (440 \cdot \sqrt[12]{2}^{\,n-1})$; $n \in \mathbb{N}^*$ und $n \leqslant 13$

25. 9 Jahre ($8{,}77 \notin \mathbb{N}^*$)

26. $n = 25$ Glieder

27. Die GF mit $a_n = a_1 \cdot q^{n-1}$ wird logarithmiert: $\log a_n = \log a_1 + (n-1) \cdot \log q$. Man erhält so das Bildungsgesetz einer AF.

28. a) $a_n = -7 \cdot (-0{,}3)^{n-1}$ b) $b_n = 16 \cdot (-0{,}25)^{n-1}$

29. $a_n = -1 \cdot (-0{,}4)^{n-1}$ $(a_n = (-0{,}3)^{n-1})$

30. Ist von zwei Faktoren eines Produkts der Betrag des einen kleiner als 1, so ist der Betrag des Produkts kleiner als der des Faktors mit größerem Betrag (z. B. $-8 \cdot (0{,}6) = -4{,}8 \Rightarrow |-4{,}8| < |-8|$). Durch fortgesetzte Multiplikation wird so schließlich auch der größere Betrag eines Faktors kleiner als 1. Dann ist der Betrag des Produkts immer kleiner als der kleinere eines Faktors (z. B. $0{,}3(-0{,}2) = -0{,}06 \Rightarrow |-0{,}06| < |-0{,}2|$).

31. Auf dem letzten Feld liegen $2^{63} \approx 9{,}2234 \cdot 10^{18}$ Reiskörner.

32. a) 819200000 Bakterien nach 36 Stunden,
b) 25000 Bakterien vor 9 Stunden,
c) 1638200000 Bakterien insgesamt.

3.4 Arithmetische und geometrische Reihen

S. 113

1. a) 1. Sp. $a_{23} = -38$; $d = -5$; 2. Sp. $a_1 = -100$; $S_{11} = -330$;
3. Sp. $n = 24$; $S_{24} = 4464$; 4. Sp. $d = 3$; $S_{31} = 2046$;
5. Sp. $a_1 \approx -254{,}9$; $a_{38} \approx 318{,}6$; 6. Sp. $a_{16} = 120$; $S_{16} = 1560$;
7. Sp. nicht lösbar, weil schon $S_2 = a_1 + a_2 = 4120 > 3440$.

b) 1. Sp. $a_8 = \sqrt{0{,}5}^7$; $S_8 \approx 3{,}2$; 2. Sp. $a_1 = \frac{2}{3}$; $S_8 = 2186\frac{2}{3}$;
3. Sp. $n = 9$; $S_9 = 4599$; 4. Sp. $n = 11$; $S_{11} \approx 860{,}4$;
5. Sp. $n = 7$; $a_7 = 182{,}25$;

2. In einem Stapel liegen $S_{12} = 210$ Flaschen.

3. In 22 Reihen stehen $S_{22} = 1089$ Stühle.

4. Der Schacht ist $S_6 = 180$ m tief.

5. a) $S_n = \frac{n}{2}(n+1)$ b) $S_n = n^2$

6. $s_{21} = 5250$ DM hat der Vater insgesamt eingezahlt.

7. Der Sohn verfügt über $S_{21} = 19996{,}36$ DM.

8. Er hätte $S_{64} \approx 1{,}8446744 \cdot 10^{19}$ Reiskörner bekommen müssen.

3.5 Vollständige Induktion

S. 113

1. Induktionsanfang: $S_1 = a_1$ ist richtig

Induktionsschluß: zu zeigen ist $S_{n+1} = a_1 \cdot \frac{q^{n+1}-1}{q-1}$

$$S_{n+1} = a_1 \cdot \frac{q^n - 1}{q-1} + a_1 \cdot q^n = a_1 \left[\frac{q^n-1}{q-1} + q^n\right] = a_1 \frac{q^{n+1}-1}{q-1} \quad \text{s.o.}$$

2. Für $n = 2$ ist $(1+x)^2 > 1 + 2x$ richtig, denn
$1 + 2x + x^2 > 1 + 2x$. Da $(1+x)^{n+1} = (1+x)^n \cdot (1+x)$ ist, ist zu zeigen:
$(1+x)^n \cdot (1+x) > 1 + (n+1)x$.
$(1+x)^n$ wird lt. Behauptung ersetzt durch das kleinere $1 + nx$:
$(1+nx)(1+x) \cdot 1 + (n+1)x$
$1 + nx + x + nx^2 > 1 + nx + x$ ist dann richtig, also ist die Ungleichung auch richtig, wenn die linke Seite noch größer wird: $(1+x)^n \cdot (1+x) > 1 + (n+1)x$ (s.o.)

3. a) Für $n = 1$ ist $9^1 - 1 = 8$ teilbar durch 8, also richtig.
Zu zeigen ist: $9^{n+1} - 1$ ist teilbar durch 8, wenn $9^n - 1$ durch 8 teilbar ist:
$9^{n+1} - 1 = 9 \cdot 9^n - 9 + 8 = 9(9^n - 1) + 8$
Da der Klammerterm durch 8 teilbar ist, ist es auch der ganze Ausdruck.

3. b) Für $n=1$ ist $1^3-1=0$ und für $n=2$ ist $2^3-2=6$ teilbar durch 6.
Zu zeigen ist, daß $(n+1)^3-(n+1)$ durch 6 teilbar ist:
$(n+1)^3-(n+1)=n^3+3n^2+3n+1-n-1=n^3-n+3(n^2+n)$
Da n^2+n für jedes $n \in \mathbb{N}^*$ eine gerade Zahl ergibt, ist $3(n^2+n)$ teilbar durch 6; n^3-n ist lt. Voraussetzung teilbar durch 6.

c) Für $n=1$ ist $1^3+(1+1)^3+(1+2)^3=36$ teilbar durch 3.
Zu zeigen ist, daß $(n+1)^3+(n+2)^3+(n+3)^3$ durch 3 teilbar ist:
$(n+3)^3=n^3+9n^2+27n+27=n^3+3(3n^2+9n+9)$, also
$(n+1)^3+(n+2)^3+(n+3)^3=(n+1)^3+(n+2)^3+n^3+3(3n^2+9n+9)$.
Da $3(3n^2+9n+9)$ durch 3 teilbar ist, ist es auch der ganze Term lt. Voraussetzung.

4. a) $s_1=1$ ist richtig; zu zeigen ist $s_{n+1}=\frac{n+1}{2}(n+2)$

$$s_{n+1}=\frac{n}{2}(n+1)+(n+1)=(n+1)\left(\frac{n}{2}+1\right)=\frac{n+1}{2}(n+2) \text{ (s.o.)}$$

b) $s_1=2$ ist richtig; zu zeigen ist $s_{n+1}=(n+1)(n+2)$
$s_{n+1}=n(n+1)+2(n+1)=(n+1)(n+2)$ (s.o.)

c) $s_1=\frac{1}{2}$ ist richtig; zu zeigen ist $s_{n+1}=1-\frac{1}{2^{n+1}}$

$$s_{n+1}=1-\frac{1}{2^n}+\frac{1}{2^{n+1}}=1-\frac{1}{2^n}+\frac{1}{2^n}\cdot\frac{1}{2}=1-\frac{1}{2^n}\left(1-\frac{1}{2}\right)=1-\frac{1}{2^{n+1}} \text{ (s.o.)}$$

d) $s_1=1$ ist richtig; zu zeigen ist $s_{n+1}=(-1)^n\cdot\frac{n+1}{2}(n+2)$

$$s_{n+1}=(-1)^{n-1}\cdot\frac{n}{2}\cdot(n+1)+(-1)^n\cdot(n+1)^2=(-1)^{n-1}(n+1)\left[\frac{n}{2}-(n+1)\right]$$

$$=(-1)^n\cdot\frac{n+1}{2}\cdot(n+2) \text{ (s.o.)}$$

e) $s_1=1^3=\frac{1^2}{4}(1+1)^2=1$ ist richtig; zu zeigen ist

$$s_{n+1}=\frac{(n+1)^2}{4}(n+2)^2=\frac{(n+1)^2(n+2)^2}{4}$$

$$s_{n+1}=\frac{n^2(n+1)^2}{4}+(n+1)^3=\frac{n^2\cdot(n+1)^2+4(n+1)^3}{4}$$

$$=\frac{(n+1)^2[n^2+4(n+1)]}{4}=\frac{(n+1)^2(n+2)^2}{4} \text{ (s.o.)}$$

f) $s_1=1$ ist richtig; zu zeigen ist $s_{n+1}=\frac{n+1}{6}(n+2)(2n+3)$.

$$s_{n+1}=\frac{n}{6}(n+1)(2n+1)+(n+1)^2=\frac{n+1}{6}\cdot[n(2n+1)+6(n+1)]$$

$$=\frac{n+1}{6}(2n^2+n+6n+6)=\frac{n+1}{6}\cdot(n+2)(2n+3) \text{ (s.o.)}$$

4. g) $s_1=1$ ist richtig; zu zeigen ist $s_{n+1}=2\left(1-\frac{1}{2^{n+2}}\right)$

$$s_{n+1}=2\left(1-\frac{1}{2^{n+1}}\right)+\frac{1}{2^{n+1}}=2-\frac{2}{2^{n+1}}+\frac{1}{2^{n+1}}$$

$$=2-\frac{1}{2^{n+1}}=2-\frac{2}{2^{n+2}}=2\left(1-\frac{1}{2^{n+2}}\right) \text{ (s. o.)}$$

3.6 Der Grenzwert einer Folge

S. 124

1. Wenn eine Folge nur endlich viele Glieder hat, können nicht unendlich viele in einem Intervall $]-\varepsilon; \varepsilon[$, $\varepsilon \in \mathbb{R}_+^*$ liegen.

2. a) keine Nullfolge
   b) Nullfolge
   c) keine Nullfolge (endliche Folge)
   d) keine Nullfolge
   e) Nullfolge
   f) keine Nullfolge
   g) keine Nullfolge
   h) Nullfolge (alternierend)

3. Es ist $a_1=-125$ und $|q|=0{,}6$. Weil die Folge alternierend (von beiden Seiten sich der Null nähert) ist, muß $q=-0{,}6$ sein. Das Bildungsgesetz lautet also: $a_n=-125\cdot(-0{,}6)^{n-1}$.

4. Es ist: $\left|0-\frac{1}{n}\right|<\varepsilon$, dann ist $\left|\frac{1}{n}\right|<\varepsilon \Rightarrow \frac{1}{n}<\varepsilon$

   a) Wird $\varepsilon=0{,}5$ gewählt, dann ist $\frac{1}{n}<0{,}5$ und daraus ergibt sich $2<n$. Also liegen vom 3. Glied an alle Glieder im Intervall $]-0{,}5; 0{,}5[$.

   b) Wird $\varepsilon=0{,}1$ gewählt, dann ist $\frac{1}{n}<0{,}1$ und daraus ergibt sich $10<n$. Also liegen vom 11. Glied an alle Glieder im Intervall $]-0{,}1; 0{,}1[$.

   c) Wird $\varepsilon=0{,}01$ gewählt, dann ist $\frac{1}{n}<0{,}01$ und daraus ergibt sich $100<n$. Also liegen vom 101. Glied an alle Glieder im Intervall $]-0{,}01; 0{,}01[$.

   d) Wird $\varepsilon=0{,}002$ gewählt, dann ist $\frac{1}{n}<0{,}002$ und daraus ergibt sich $500<n$. Also liegen vom 501. Glied an alle Glieder im Intervall $]-0{,}002; 0{,}002[$.

   e) Wird $\varepsilon=\frac{1}{50}$ gewählt, dann ist $\frac{1}{n_0}<\frac{1}{50}$ und daraus ergibt sich $50<n_0$. Also liegen vom 51. Glied an alle Glieder im Intervall $\left]-\frac{1}{50}; \frac{1}{50}\right[$.

   f) Wird $\varepsilon=\frac{3}{100}$ gewählt, dann ist $\frac{1}{n_0}<\frac{3}{100}$ und daraus ergibt sich $33{,}3<n_0$. Also liegen vom 34. Glied an alle Glieder im Intervall $\left]-\frac{3}{100}; \frac{3}{100}\right[$.

5. Es ist: $g=0$, dann ist: $\left|0-\frac{2}{n+1}\right|<\varepsilon$.

5. a) Wird $\varepsilon = \frac{1}{20}$ gewählt, dann ist $\frac{2}{n+1} < \frac{1}{20}$ und daraus ergibt sich $n_0 = 39$.

Vom 40. Glied an liegen alle Glieder im Intervall.

b) Wird $\varepsilon = \frac{1}{30}$ gewählt, dann ist $\frac{2}{n+1} < \frac{1}{30}$ und daraus ergibt sich $n_0 = 59$.

Vom 60. Glied an liegen alle Glieder im Intervall.

6. a) $n_0 = 1499$ b) $n_0 = 1667$

7. a) z.B. $(a_n) = (0{,}5^n)$; $n \in \mathbb{N}^*$

b) z.B. $(b_n) = ((-0{,}5)^n)$; $n \in \mathbb{N}^*$

8. a) $n_0 = 1499$ b) $n_0 = 8$

9. Mit $\varepsilon = 10^{-4}$ ist untersucht worden, ob $g = \lim\limits_{n \to \infty} a_n = 1$ ist. Das Ergebnis besagt, daß $n_0 = 23\,331$ Glieder von (a_n) außerhalb des Intervalls $]0{,}9999; 1{,}0001[$ liegen und alle weiteren (unendlich vielen) innerhalb. Die Vermutung $g = 1$ ist damit bestätigt.

10. Mit $\varepsilon = 10^{-4}$ ist untersucht worden, ob (a_n) eine Nullfolge ist. Da $n \in \mathbb{N}^*$ sein muß, also $n > 0$, liegt kein Glied der Folge im Intervall $]-0{,}0001; 0{,}0001[$. (a_n) ist also keine Nullfolge.

11. a) Es ist:
$$\left|\frac{1}{5} - \frac{n+1}{5n}\right| < \frac{1}{10}$$
$$\left|\frac{n-(n+1)}{5n}\right| < \frac{1}{10}$$
$$\left|\frac{-1}{5n}\right| < \frac{1}{10}$$
Weil $n \in \mathbb{N}^*$, gilt:
$$\frac{1}{5n} < \frac{1}{10}$$
$$n > 2$$
Es liegen also unendlich viele Folgeglieder in dem Intervall, nämlich alle mit Platzziffern $n > n_0 = 2$

b) Es ist:
$$\left|2 - \frac{2n}{n+1}\right| < \frac{1}{10}$$
$$\left|\frac{2(n+1)-2n}{n+1}\right| < \frac{1}{10}$$
$$\left|\frac{2}{n+1}\right| < \frac{1}{10}$$
Weil $n \in \mathbb{N}^*$, gilt:
$$\frac{2}{n+1} < \frac{1}{10}$$
$$n > 19$$
Es liegen also unendlich viele Folgeglieder in dem Intervall, nämlich alle mit Platzziffern $n > n_0 = 19$

c) Es ist:
$$\left|0{,}5 - \frac{n+1}{2n}\right| < \frac{1}{10}$$
$$\left|\frac{n-(n+1)}{2n}\right| < \frac{1}{10}$$
$$\left|\frac{-1}{2n}\right| < \frac{1}{10}$$
Weil $n \in \mathbb{N}^*$, gilt:
$$\frac{1}{2n} < \frac{1}{10}$$
$$n > 5$$
Es liegen unendlich viele Glieder in dem Intervall, nämlich alle mit Platzziffern $n > n_0 = 5$.

d) Es ist:
$$\left|1 - \left(1 + \frac{1}{n}\right)\right| < \frac{1}{10}$$
$$\left|-\frac{1}{n}\right| < \frac{1}{10}$$
Weil $n \in \mathbb{N}^*$, gilt:
$$\frac{1}{n} < \frac{1}{10}$$
$$n > 10$$
Es liegen unendlich viele Glieder der Folge in dem Intervall, nämlich alle mit Platzziffern $n > n_0 = 10$.

12. Die Folgeglieder einer AF liegen immer gleichweit auseinander. Es kann also keine Zahl auf der Zahlengerade geben, an die sich die Folgeglieder annähern.

13. Alle Folgeglieder von $(a_n)=(1^n)$ haben den Wert 1. In jedem beliebigen Intervall um 1 mit der Länge 2ε ($\varepsilon \in \mathbb{R}_+^*$) liegen dann alle Glieder und außerhalb keins. Somit ist 1 Grenzwert.
Alle Folgeglieder von $(b_n)=((-1)^n)$ haben den Wert 1, wenn n gerade und sie haben den Wert -1, wenn n ungerade ist. Es liegen also unendlich viele Folgeglieder bei $+1$ und auch bei -1. Legt man um 1 und -1 Intervalle mit $\varepsilon=0{,}2$, dann sind zwar unendlich viele Folgeglieder in dem jeweiligen Intervall – aber auch unendlich viele außerhalb. Also sind 1 und -1 keine Grenzwerte.

14. Nein, denn es ist nicht bekannt, ob außerhalb jedes beliebigen Intervalls $]3-\varepsilon; 3+\varepsilon[$ nur endlich viele Glieder liegen.

15. In jedem beliebig engen Intervall um den Grenzwert g liegen unendlich viele Glieder einer konvergenten Folge und außerhalb nur endlich viele. Daher können in einem genügend engen Intervall um eine andere Zahl als g nicht noch einmal unendlich viele Glieder derselben Folge liegen.

16. $(a_n) = \left(472392 \cdot \left(\frac{2}{3} \cdot \frac{4}{3}\right)^{n-1}\right) = \left(472392 \cdot \left(\frac{8}{9}\right)^{n-1}\right)$; $n \in \mathbb{N}^*$
$a_n < 300000 \Rightarrow n > 4{,}85$
Anfang 1989 war der Robbenbestand erstmals unter 300000.

3.7 Beschränktheit und Monotonie von Folgen

S. 125

1. $(n+1)^2 > n^2 \Rightarrow \frac{1}{(n+1)^2} < \frac{1}{n^2} \Rightarrow (a_n)$ fällt monoton.

$0 < \frac{1}{n^2} \leqslant 1 \Rightarrow S_u = 0$ ist untere und $S_o = 1$ ist obere Schranke von (a_n). Die Folge (a_n) ist also monoton fallend und beschränkt.

2. Bei jeder AF ist $a_{n+1} = a_n + d$. Ist $d < 0$, so ist $a_{n+1} < a_n$.

3. Ist $0 < q < 1$, so ist q^n um so kleiner, je größer n ist. Es ist also $q^{n-1} \geqslant q^n$ und $a_1 q^{n-1} \geqslant a_1 q^n$, falls $a_1 > 0$ ist. Ist $a_1 < 0$, so ist $a_1 \cdot q^{n-1} \leqslant a_1 \cdot q^n < 0$.

4. Mit $a_1 < 0$ und $q > 0$ sind alle Glieder $a_n = a_1 \cdot q^{n-1}$ negativ. Es gilt also immer auch $a_1 \cdot q^{n-1} \leqslant 1$. Wenn sie auch monoton wächst, ist eine solche GF konvergent (hier Nullfolge).

3.8 Die Grenzwertsätze

S. 125

1. a) $\lim\limits_{n \to \infty} \frac{1}{n} + 3n + 2 = \infty$ kein Grenzwert

b) $\lim\limits_{n \to \infty} \frac{1}{n^2} + \frac{3}{2n} + 5 = 5$ $g = 5$

1. c) $\lim\limits_{n \to \infty} \frac{9-4n^2}{4-4n+n^2} = -4$ $\qquad g = -4$

d) $\lim\limits_{n \to \infty} \frac{3n-9n^3}{5n-2n^2+6n^3} = -\frac{3}{2}$ $\qquad g = -\frac{3}{2}$

e) $\lim\limits_{n \to \infty} \frac{3n^2+4n+7}{9n^2+7n} = \frac{1}{3}$ $\qquad g = \frac{1}{3}$

f) $\lim\limits_{n \to \infty} \frac{2n^3+3n^2+n}{n^2-2n} = \infty$ $\qquad$ kein Grenzwert

g) $\lim\limits_{n \to \infty} \frac{7n-5n^2}{3n^3-4n^2+n} = 0$ $\qquad g = 0$

h) $\lim\limits_{n \to \infty} \frac{2n^2-3n+5}{4-2n^3} = 0$ $\qquad g = 0$

i) $\lim\limits_{n \to \infty} \frac{2\sqrt{n}-3}{5-2n} = 0$ $\qquad g = 0$

k) $\lim\limits_{n \to \infty} \frac{(n+1)^2}{n-1} = \lim\limits_{n \to \infty} \frac{n^2+2n+1}{n-1} = \infty$ $\qquad$ kein Grenzwert

l) $\lim\limits_{n \to \infty} \frac{2n+3}{5-4n} = -\frac{1}{2}$ $\qquad g = -\frac{1}{2}$

m) $\lim\limits_{n \to \infty} \frac{3+2n}{1-\sqrt{n}} = -\infty$ $\qquad$ kein Grenzwert

2. a) z. B. $(a_n) = \left(-5 + \frac{1}{n}\right)$ $\qquad$ b) z. B. $(a_n) = \left(-5 - \sqrt{\frac{1}{n}}\right)$; jeweils $n \in \mathbb{N}^*$

3. a) $(a_n) = \left(3 - \frac{1}{n}\right)$ $\quad (a_n) = \left(3 - \frac{2}{n}\right)$ $\quad (a_n) = \left(3 - \frac{2n}{n^2}\right)$

$(a_n) = \left(3 - \frac{4}{n^3}\right)$ $\quad (a_n) = \left(3 - \frac{5}{n+n^2}\right)$

b) $(a_n) = \left(3 + \frac{1}{n}\right)$ $\quad (a_n) = \left(3 + \frac{2}{n}\right)$ $\quad (a_n) = \left(3 + \frac{2n}{n^2}\right)$

$(a_n) = \left(3 + \frac{4}{n^3}\right)$ $\quad (a_n) = \left(3 + \frac{5}{n+n^2}\right)$

c) $(a_n) = \left(3 - \frac{(-1)^n}{n}\right)$ $\qquad (a_n) = \left(3 + \frac{(-1)^n 2}{n}\right)$

$(a_n) = \left(3 - \frac{(-1)^n 2n}{n^2+1}\right)$ $\quad (a_n) = \left(3 - \frac{4(-1)^n}{n^3}\right)$

$(a_n) = \left(3 - \frac{5}{(n+n^2)(-1)^n}\right)$; $\quad$ jeweils $n \in \mathbb{N}^*$.

4. $\lim\limits_{n \to \infty} a_n = -3 \Rightarrow \lim\limits_{n \to \infty} b_n = 3 \cdot (-3)^2 + 2 \cdot (-3) - 15 = 6$

Die Behauptung ist richtig.

5. Da (a_n) konvergent ist mit $\lim\limits_{n \to \infty} a_n = 3$, ist auch (b_n) konvergent, denn $\lim\limits_{n \to \infty} b_n$ kann mit Hilfe der Grenzwertsätze berechnet werden: $\lim\limits_{n \to \infty} b_n = 0{,}5 \cdot 3^2 - 1{,}5 \cdot 3 + 1 = 1$.

6. $\lim_{n\to\infty} a_n = 0$ und $\lim_{n\to\infty} b_n = 3$. Mit Hilfe der Grenzwertsätze erhält man $\lim_{n\to\infty} c_n = 2\cdot 3^2 - 3\cdot 0 + 0\cdot 3 = 18$.

3.9 Grenzwerte von Funktionen für $x\to\infty$ S. 125

1. a) $\lim_{x\to\infty} f(x) = \infty = \lim_{x\to-\infty} f(x)$
   b) $\lim_{x\to\infty} f(x) = \infty$; $\lim_{x\to-\infty} f(x) = -\infty$
   c) $\lim_{x\to\infty} f(x) = 3 = \lim_{x\to-\infty} f(x)$
   d) $\lim_{x\to\infty} f(x) = 0 = \lim_{x\to-\infty} f(x)$

2. a) $\lim_{x\to\infty} f(x) = \infty$; $\lim_{x\to-\infty} f(x) = 0$
   b) $\lim_{x\to\infty} f(x) = \infty$
   c) kein Grenzwert, weil periodische Funktion.
   d) $\lim_{x\to\infty} f(x) = \infty$
   e) $\lim_{x\to\infty} f(x) = \infty = \lim_{x\to-\infty} f(x)$
   f) kein Grenzwert, weil für $|x|\to\infty$ nicht definiert.

3.10 Grenzwerte von Funktionen für $x\to x_0$ S. 133

1. a) $(f(x_n)) = \left(\frac{27}{n} + \frac{3}{\sqrt{n}}\right)$; $n\in\mathbb{N}^*$; $\lim_{n\to\infty} f(x_n) = 0$
   b) $(f(x_n)) = \left(\frac{27}{2n\sqrt{n}} - \frac{36}{n} + \frac{36}{\sqrt{n}} - 9\right)$; $n\in\mathbb{N}^*$; $\lim_{n\to\infty} f(x_n) = -9$
   c) $(f(x_n)) = \left(\frac{4n + 12\sqrt{n} + 9}{32n + 48\sqrt{n} + 18}\right)$; $n\in\mathbb{N}^*$; $\lim_{n\to\infty} f(x_n) = \frac{1}{8}$
   d) $(f(x_n)) = \left(2\sqrt{n} - 7 + \frac{6}{\sqrt{n}}\right)$; $n\in\mathbb{N}^*$; kein Grenzwert
   e) $(f(x_n)) = \left(\frac{-2n\sqrt{n} - 3n + 9\sqrt{n} + 27}{6n + 9\sqrt{n}}\right)$; $n\in\mathbb{N}^*$; kein Grenzwert
   f) $(f(x_n)) = \left(\frac{24n - 72\sqrt{n} + 54}{-4n\sqrt{n} + 3n}\right)$; $n\in\mathbb{N}^*$; $\lim_{n\to\infty} f(x_n) = 0$

2. Es könnte ein Zufallsergebnis entstehen wie im Beispiel auf S. 127 oben.

3. Bei a), b), c) und f). Es ist jeweils $\lim_{x\to x_0} f(x) = \lim_{n\to\infty} f(x_n)$ (s.o.)

4. a) $\lim_{x\to 4} f(x) = 2$
   b) kein Grenzwert bei $x_0 = 4$

3.11 Stetigkeit S. 133

1. Weil $\lim_{x\to x_0} f(x) = f(x_0)$ ist, kann der Grenzwert als Funktionswert $f(x_0)$ berechnet werden.

2. a) $\lim\limits_{x \to 3} f(x) = 2$ b) $\lim\limits_{x \to 0,5} f(x) = -1$ c) $\lim\limits_{x \to 6} f(x) = -\frac{11}{28}$ d) $\lim\limits_{x \to 2} f(x) = -43$

3. Die Funktion ist stetig, wenn der Graph nirgends unterbrochen ist.

4. Weil sich mit Hilfe der Grenzwertsätze immer ergibt $\lim\limits_{x \to x_0} f(x) = f(x_0)$.

5. a) stetig b) nicht stetig

6. Es ist eine Nullfolge.

7. Er muß an der Stelle x_0 eine Lücke haben.

3.12 Stetige Fortsetzung S. 133

1. a) $\lim\limits_{x \to 2} f(x) = 5$
   b) $\lim\limits_{x \to -3} f(x) = -6$
   An der Stelle $x_0 = 3$ ist keine stetige Fortsetzung möglich, weil die Funktion dort keinen Grenzwert hat.
   c) $\lim\limits_{x \to 2} f(x) = 1$
   An der Stelle $x_0 = -2$ ist keine stetige Fortsetzung möglich, weil die Funktion dort keinen Grenzwert hat.
   d) $\lim\limits_{x \to -3} f(x) = -\frac{1}{6}$
   An der Stelle $x_0 = 3$ ist keine stetige Fortsetzung möglich, weil die Funktion dort keinen Grenzwert hat.

Prüfen Sie Ihr Wissen zu Kapitel 3 S. 134–135

1. a) Es ist $a_1 = 1$ und $a_2 = \frac{11}{12}$; dann ist $q = \frac{11}{12} : 1 = \frac{11}{12}$. Somit lautet das Bildungsgesetz der Folge $a_n = 1 \cdot \left(\frac{11}{12}\right)^{n-1}$.
   b) $g = 0$ c) $n = 8$ Platten.

2. Es ist $a_1 = 500000$ und $a_2 = 480000$. Daraus ergibt sich $q = \frac{480000}{500000} = 0{,}96$.
   Der Ansatz lautet dann:
   $$300000 > 500000 \cdot 0{,}96^{n-1}$$
   daraus folgt $n > 13{,}5$. Im 14. Jahr gab es im Herbst erstmalig weniger als 300000 Gemsen, d.h. 1948.

3. a) Die AF lautet $(a_n) = (4;\ 28{,}8;\ 53{,}6;\ 78{,}4;\ 103{,}2;\ 128)$
   b) Die GF lautet $(a_n) = (4;\ 8;\ 16;\ 32;\ 64;\ 128)$

4. Der Mensch hat vor zehn Generationen höchstens 1024 Ahnen gehabt.

5. a) Am ersten Tag wurden 76 m gebohrt. b) Die Tiefe des Bohrlochs betrug 1000 m. Der letzte Meter kostet 2205,30 DM. c) $s_{1000} = 1106400$ DM.

6. $s_{31} = 5270$ DM.

7. Die GF muß eine unendliche Folge mit $|q| < 1$ sein, dann entsteht jedes Folgeglied aus dem vorhergehenden, indem mit einer Zahl, deren Betrag zwischen 0 und 1 liegt, multipliziert wird. Die Glieder werden immer kleiner und nähern sich der Null.

8. Es ist $a_1 = 7{,}5$; $d = 1{,}5$ und somit $a_n = 7{,}5 + (n-1)\cdot 1{,}5$.

9. Nein! Da die Folge endlich ist, muß ein Folgeglied das letzte vor dem Grenzwert sein. Folglich liegen nicht in jedem Intervall um Null unendlich viele Glieder und somit ist Null kein Grenzwert der Folge.

10. a) Es ist $-10 + (n-1)\cdot 4 > 1000 \Leftrightarrow n > 253{,}5$. Vom 254. Glied an sind sie größer als 1000. b) Es ist $-1000 < 220 + (n-1)\cdot(-4) \Leftrightarrow 306 < n$. Vom 307. Glied an sind sie kleiner als -1000.

11. a) Das Anfangsglied ist $a_1 = +2{,}45$. b) Das Anfangsglied ist $a_1 = 1$.

12. $n_0 = 2001$ Glieder.

13. Vom 185. Ausschlag (einschließlich) an ist keine Bewegung mehr wahrnehmbar.

14. Nach 12 Halbwertszeiten $\triangleq$ 19080 Jahren.

15. Man kann 14mal nachfüllen.

16. $p_n = 1013 \cdot 0{,}9875^{n-1}$ (dabei bedeutet n jeweils 100 m). Der Druck in 12000 m Höhe ist $p_{121} \approx 223{,}9$ hPa. In $1100 \cdot 100$ m $= 110$ km Höhe beginnt der „luftleere“ Raum.

17. $a_n = 100\% \cdot (1{,}04 \cdot 0{,}95)^{n-1}$. Nach 24 Jahren hat das Guthaben weniger als 75% seiner ursprünglichen Kaufkraft.

18. $n_0 = 8$ Glieder.

19. Mit $\varepsilon = 10^{-5}$ ist untersucht worden, ob (a_n) den Grenzwert $g = \lim\limits_{n\to\infty} a_n = -0{,}5$ hat.

Das Ergebnis sagt aus, daß höchstens $n_0 = 108\,333$ Glieder außerhalb des Intervalls $]-0{,}50001; -0{,}49999[$ liegen und alle weiteren, unendlich vielen innerhalb. Damit ist bestätigt: $g = -0{,}5$.

20. Es ist $\lim\limits_{n\to\infty} \frac{n+2}{n} = 1$. Dann ist $\left|1 - \frac{n+2}{n}\right| < \varepsilon \Leftrightarrow \left|\frac{n-n-2}{n}\right| < \varepsilon \Leftrightarrow \frac{2}{n} < \varepsilon \Leftrightarrow \frac{2}{\varepsilon} < n$.

Wählt man ε, so gibt es zu jedem $\varepsilon \in \mathbb{R}^*_+$ ein $n_0 = \frac{2}{\varepsilon}$ von dem ab alle Glieder mit $n > n_0$ in dem Intervall $]1-\varepsilon; 1+\varepsilon[$ liegen.

Es ist $\lim\limits_{n\to\infty} \left(3 + \frac{2}{n}\right) = 3$. Dann ist $\left|3 - \left(3 + \frac{2}{n}\right)\right| < \varepsilon \Leftrightarrow \left|\frac{-2}{n}\right| < \varepsilon \Leftrightarrow \frac{2}{\varepsilon} < n$. Wählt man ε, so ist a_n in dem jeweiligen Intervall $]3-\varepsilon; 3+\varepsilon[$, wenn $n > \frac{2}{\varepsilon}$.

Es ist $\lim\limits_{n\to\infty} \frac{2n+1}{n} = 2$. Dann ist $\left|2 - \frac{2n+1}{n}\right| < \varepsilon \Leftrightarrow \left|\frac{2n-2n-1}{n}\right| < \varepsilon \Leftrightarrow \left|-\frac{1}{n}\right| < \varepsilon$ $\Leftrightarrow \frac{1}{n} < \varepsilon \Leftrightarrow \frac{1}{\varepsilon} < n$. Wählt man ε, so ist $n_0 = \frac{1}{\varepsilon}$, und alle Glieder mit $n > n_0 = \frac{1}{\varepsilon}$ liegen innerhalb des Intervalls $]2-\varepsilon, 2+\varepsilon[$.

21. Es ist $\lim\limits_{n\to\infty}\left(\frac{1}{n}+\frac{5}{4n}+3\right)=3$; $\lim\limits_{n\to\infty}\frac{n^2-5n+1}{n^3+2n-1}=0$ und $\lim\limits_{n\to\infty}\frac{n^3+1}{n+1}=\infty$.

22. a) z.B. $(a_n)=\left(-3\pi+\frac{1}{n}\right)$; $n\in\mathbb{N}^*$

b) z.B. $(b_n)=\left(-3\pi+\frac{(-1)^n}{n}\right)$; $n\in\mathbb{N}^*$

23. $\lim\limits_{n\to\infty} a_n=-2$; dann ist nach den Grenzwertsätzen

$\lim\limits_{n\to\infty} b_n=-2\cdot(-2)^2+3\cdot(-2)+15=1 \Rightarrow (b_n)$ ist keine Nullfolge.

24. a) falsch b) falsch c) wahr d) wahr.

25. Der Zinssatz betrug $\approx 5{,}73\%$. Hätte der Zinssatz $4{,}73\%$ betragen, hätte er die 40000 DM Schulden mit $\approx 22976{,}30$ DM ablösen können.

26. Die Folge lautet $(a_n)=\left(-128\cdot\left(-\frac{1}{2}\right)^{n-1}\right)$; $n\in\mathbb{N}^*$.

27. Dem Sohn stehen 40559,19 DM zur Verfügung. Er kann also 6 Jahre lang 6759,86 DM verbrauchen.

28. Es ist $a_1+a_1\cdot q^3=13{,}5$ und $a_1\cdot(a_1\cdot q^3)=18$. Das Gleichungssystem hat 2 Lösungen, entweder lautet die Folge $\left(12\cdot\left(\frac{1}{2}\right)^{n-1}\right)$ oder $(1{,}5\cdot 2^{n-1})$.

29. $\lim\limits_{x\to\infty} f(x)=6$.

30. Die Funktion mit $f(x)=\frac{x^2-36}{x^2-25}$; $D=\mathbb{R}\setminus\{-5;5\}$ ist an der Stelle $x_0=4$ stetig, daher ist $\lim\limits_{x\to 4} f(x)=f(4)=\frac{20}{9}$.

31. Weil bei stetigen Funktionen $\lim\limits_{x\to x_0} f(x)=f(x_0)$ ist.

32. $\lim\limits_{n\to\infty} x_n=1 \Rightarrow \lim\limits_{n\to\infty} f(x_n)=\lim\limits_{x\to 1} f(x)=-2 \Rightarrow \lim\limits_{n\to\infty} a_n=0$.

33. x_0 ist Nullstelle, also ist $f(x_0)=0$, daher gilt $\lim\limits_{n\to\infty} x_n=x_0 \Rightarrow \lim\limits_{n\to\infty} f(x_n)=0$.

34. Da eine ganzrationale Funktion stetig ist, ist $\lim\limits_{n\to\infty} f(x_n)=f(a)$. Dann ist $\lim\limits_{n\to\infty} f_n=2f(a)-f(a)=f(a)$.

35. Ein Grenzwert an der Stelle x_0 existiert, wenn die Funktion dort eine Lücke hat.

36. $\lim\limits_{x\to 2}\frac{x^2+x-6}{x-2}=\lim\limits_{x\to 2}\frac{(x+3)\cancel{(x-2)}}{\cancel{x-2}}=2+3=5$.

37. $\lim\limits_{x\to -1} f(x)=\frac{2}{3}$

An der Stelle $x_0=1$ ist keine stetige Fortsetzung möglich, weil die Funktion dort keinen Grenzwert hat.

4 Differenzierbarkeit und Ableitung

4.1 Das Problem der Steigungsberechnung

S. 144

1. Geringste Kosten; größter Gewinn; geringster Materialaufwand; geringster Zeitaufwand; . . . .

2. a)

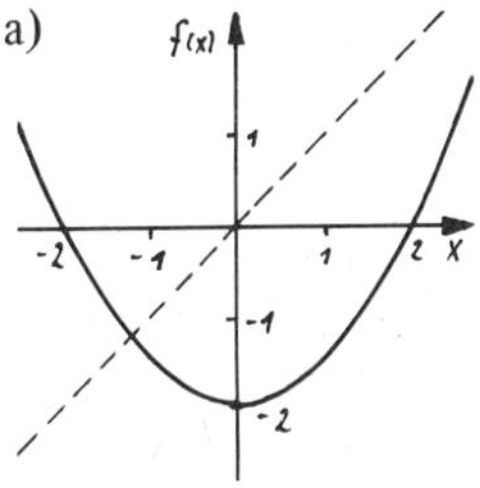

b)

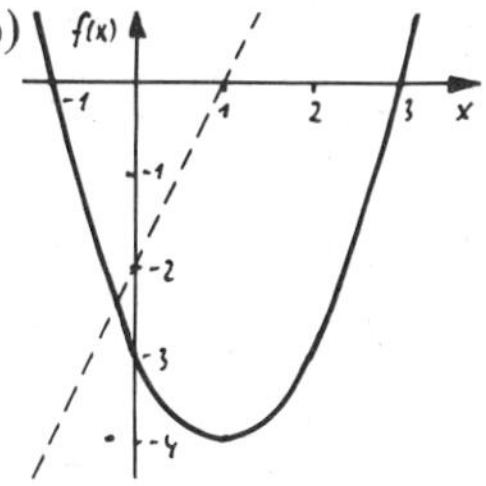

c)

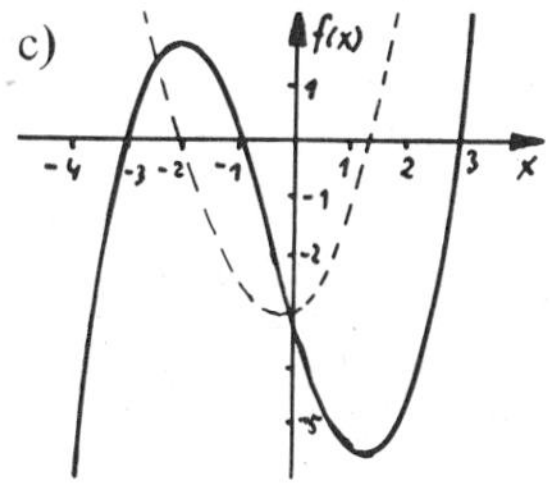

d)

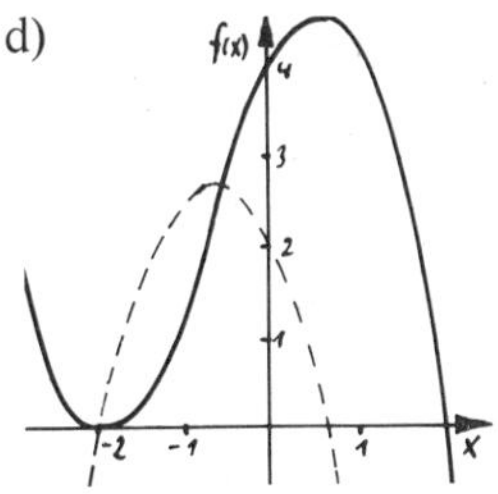

e)

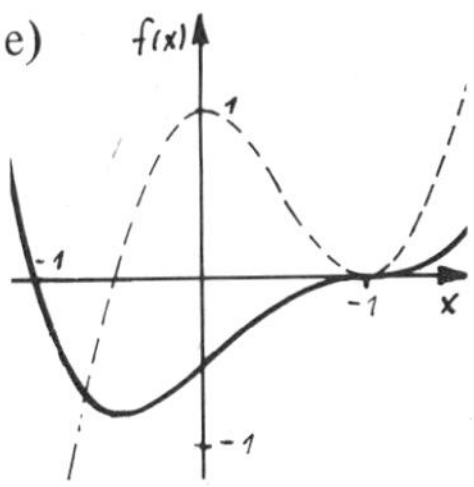

f)

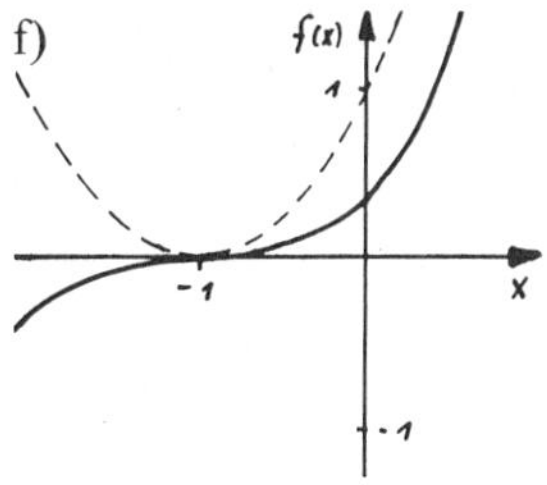

g)

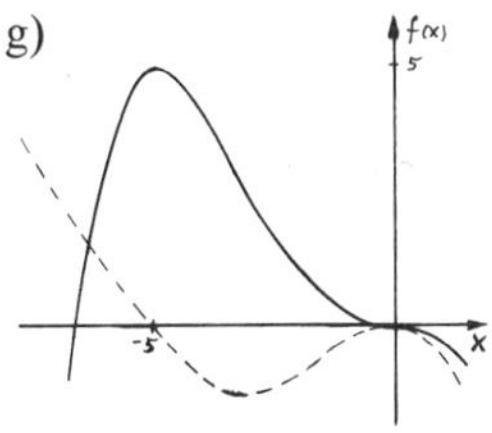

4.2 Die Differenzenquotientenfunktion

S. 144

1. Weil nur die Koordinaten eines Punktes (des Berührungspunktes) bekannt sind.

2. a) $m_s = 0{,}25x + 0{,}25$
$D = \mathbb{R} \setminus \{1\}$

b) $m_s = -0{,}5x - 3{,}5$
$D = \mathbb{R} \setminus \{3\}$

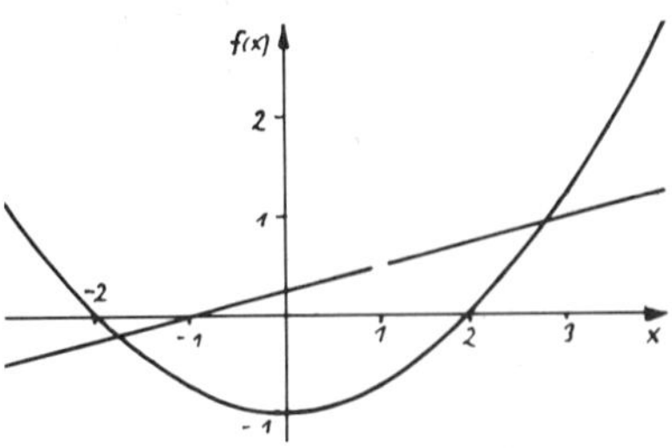

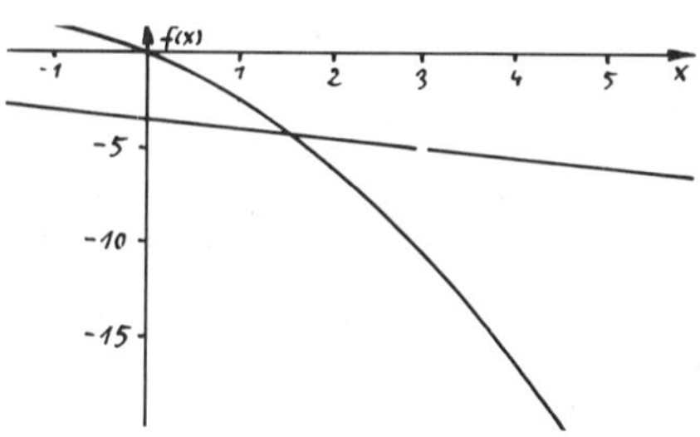

2. c) $m_s = \frac{1}{3}x^2 - \frac{5}{3}x + \frac{4}{3}$
   $D = \mathbb{R} \setminus \{1\}$

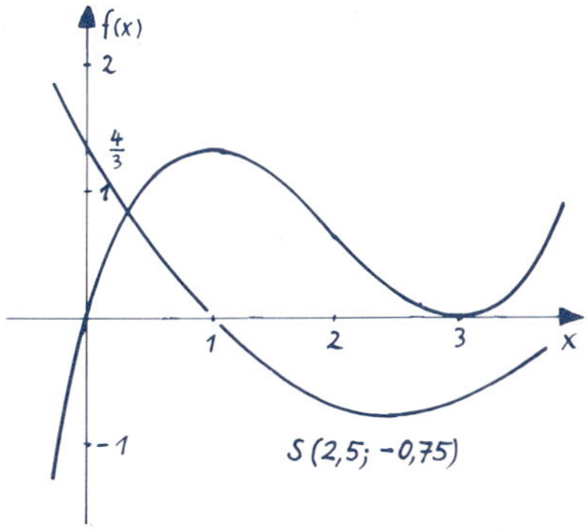

d) $m_s = -0{,}25x^2 + 0{,}25x - 2{,}25$
   $D = \mathbb{R} \setminus \{-1\}$

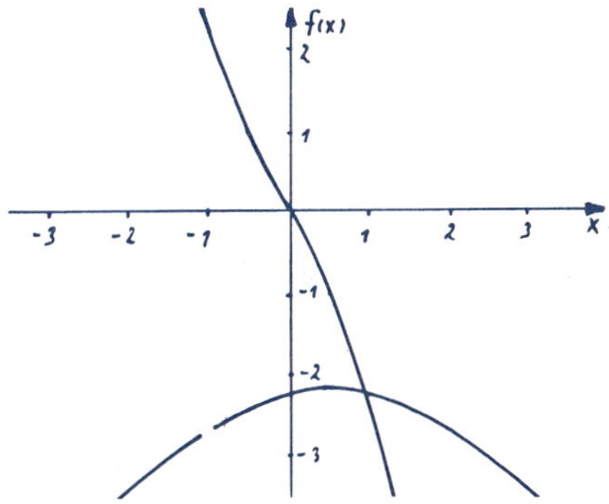

3. Er ist gleich der Steigung der jeweiligen Sekante durch die Punkte $(x_0 \mid f(x_0))$ und $(2 \mid f(2))$ bzw. $(-2 \mid f(-2))$ des Graphen der gegebenen Funktion.

4. a) $m_s = 3\,(2{,}5;\ 2{,}1;\ 2{,}01)$
   b) $m_s = 3\,(2{,}5;\ 2{,}1;\ 2{,}01)$
   c) $m_s = 2\,(1{,}5;\ 1{,}1;\ 1{,}01)$
   d) $m_s = 1\,(0{,}5;\ 0{,}1;\ 0{,}01)$
   e) $m_s = \frac{1}{3}\,(0{,}08\overline{3};\ 0{,}00\overline{3};\ 0{,}0000\overline{3})$

4.3 Tangentensteigung und Differenzierbarkeit S. 144–145

1. a) Die Funktion entsteht, indem man die Steigung einer Sekante durch den Punkt $(2;\ f(2))$ und einen beliebigen Punkt $(x;\ f(x))$ der Parabel berechnet.
   Ihre Funktionswerte $m_s(x)$ sind die Steigungen aller Sekanten durch den Punkt $(2;\ f(2))$ und je einen frei wählbaren Punkt $(x;\ f(x))$.
   b) $m_s = \frac{0{,}5\,(x+2)(x-2)}{x-2} = 0{,}5\,(x+2);\ x \neq 2$
   $m_t = \lim\limits_{x \to 2} m_s = \lim\limits_{x \to 2} 0{,}5\,(x+2) = 0{,}5\,(2+2) = 2$

2. a) $m_t = 2$
   b) $m_t = -4$
   c) $m_t = 12$
   d) $m_t = -4$
   e) $m_t = -4$
   f) $m_t = 1$

3. a) $m_t = 0{,}5$ b) $m_t = -5$ c) $m_t = 0$ d) $m_t = -2{,}75$

4. a) $f(x) = -2x + 2$
   b) $f(x) = 4x - \frac{16}{3}$
   c) $f(x) = 3x - 9$
   d) $f(x) = -2x + 7$

5. Eine Funktion ist differenzierbar, wenn ihr Graph überall eine eindeutige Tangente hat, d.h., wenn der Graph nirgends unterbrochen ist und auch keine Ecke aufweist.

6. a) Nein, denn $x_0 = 1$ ist eine Sprungstelle.
   b) Nein, denn $x_0 = 0$ ist eine (doppelte) Sprungstelle.
   c) Nicht differenzierbar in $x_0 = -3$. Dort hat der Graph eine Ecke.
   Die Graphen haben an diesen Stellen keine eindeutigen Tangenten.

7. 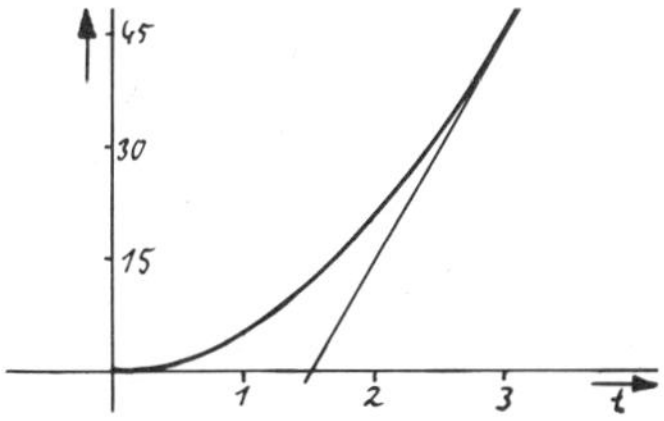

$m_t = 30$ d.h. $v = 30\,\frac{m}{s}$

8. Nach 4 s ist $v = -10\,\frac{m}{s}$, d.h., er fällt bereits wieder zur Erde.

4.4 Die Ableitung einer Funktion S. 145

1. a) $f'(x) = 2x - 2$ c) $f'(x) = 3x^2$ e) $f'(x) = 4x^3$
   b) $f'(x) = -4x - 4$ d) $f'(x) = 1{,}5x^2$ f) $f'(x) = -8x^3$

2. a) $f'(x) = -x$ aa) $x_0 = -1$ ab) $f(x) = x + 0{,}5$ ac) $x_1 = 0$

   b) $f'(x) = x^2$ ba) $x_{01} = 1$ bb) $f_1(x) = x - \frac{2}{3}$ bc) $x_1 = 0$

   $x_{02} = -1$ $f_2(x) = x + \frac{2}{3}$

   c) $f'(x) = 2x - 3$ ca) $x_0 = 2$ cb) $f(x) = x - 4$ cc) $x_1 = 1{,}5$
   d) $f'(x) = -2x + 2$ da) $x_0 = 0{,}5$ db) $f(x) = x + 3{,}25$ dc) $x_1 = 1$

3. $s'(t) = g \cdot t = v(t)$ $v'(t) = g$

   Ableitung der Geschwindigkeits-Zeit-Funktion ist die Beschleunigungs-Zeit-Funktion (hier konstante Erdbeschleunigung g).

4. Nach 4,9 s.

5. Nach 8 s ist $v = 32\,\frac{m}{s}$ b) $v = 20\,\frac{m}{s}$ nach $t = 5$ s

6. Nach 4 s fällt der Stein wieder, nach 8 s schlägt er auf; $v_E = -40\,\frac{m}{s}$

7. Nach 6 s ist $v = 12\,\frac{m}{s} = 43{,}2\,\frac{km}{h}$; $v = 100\,\frac{km}{h}$ nach $t = 13{,}88\overline{8}$ s.

8. Bei $v_0 = 100\,\frac{km}{h}$ ist $t_0 = 5{,}556$ s und der Bremsweg $s_0 = 77{,}2$ m.

   Bei $v_1 = 50\,\frac{km}{h}$ ist $t_1 = 2{,}778$ s und der Bremsweg $s_1 = 19{,}3$ m.

9. 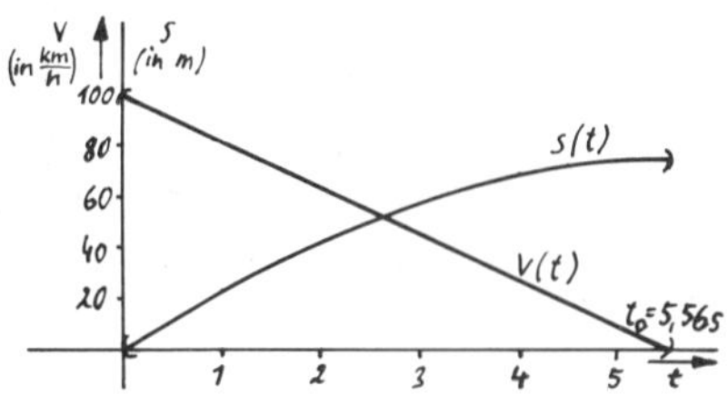

v(t) ist Ableitung von s(t)

10. a) $v_0 = 34{,}31\ \frac{m}{s}$ b) $t = 6{,}995\ s$

4.5 Die Ableitungen einiger Grundfunktionen

S. 156

1. a) $f'(x) = 0$ b) $f'(x) = 0$ c) $f'(x) = 3{,}5$ d) $f'(x) = -37$ e) $f'(x) = 1{,}85$ f) $f'(x) = -7{,}5$ g) $f'(x) = 6x^5$ h) $f'(x) = 17x^{16}$ i) $f'(x) = 296x^{295}$

2. a) $x_1 = 1$ b) $x_1 = -\sqrt{\frac{2}{3}};\ x_2 = \sqrt{\frac{2}{3}}$ c) $x_1 = -\sqrt[4]{\frac{2}{5}};\ x_2 = \sqrt[4]{\frac{2}{5}}$

3. a) $x_1 = 0;\ x_2 = \frac{2}{3}$ b) $x_1 = 0;\ x_2 = -\frac{1}{\sqrt{2}};\ x_3 = \frac{1}{\sqrt{2}}$ c) $x_1 = 0;\ x_2 = \sqrt[3]{0{,}4}$

4. a) $P = (-1;\ 1)$ b) In keinem Punkt c) In keinem Punkt d) $P \approx (-0{,}8027;\ 0{,}2676)$

4.6 Die Ableitung der ganzrationalen Funktion

S. 156

1. a) $f'(x) = 6x^2$ b) $f'(x) = 1{,}5x^4$ c) $f'(x) = -x^8$ d) $f'(x) = 5x^4 - 2x$ e) $f'(x) = 4x^3 - 6x^2$ f) $f'(x) = x^3 + 4x$ g) $f'(x) = 12x^5 - 9x^2$ h) $f'(x) = -5x^4 + 2x^3$ i) $f'(x) = 2{,}5x^4 - x^3$ j) $f'(x) = 0{,}4x^3 - 6x^2 + x - 3$ k) $f'(x) = 9x^2 - \frac{\pi}{2}x + \pi$

2. a) $f'(1) = 4$ b) $f'(\sqrt{2}) = \sqrt{2}$ c) $f'(0) = -1$ d) $f'(3) = -0{,}6$

3. a) $f(x) = 4x - 4$ b) $f(x) = \sqrt{2} \cdot x - 2$ c) $f(x) = -x$ d) $f(x) = -0{,}6x + 1{,}2$

4. Durch die jeweilige Tangente:
   a) $f(x) = 2{,}5x - 4$ b) $f(x) = -9{,}75x + 21{,}375$ c) $f(x) = -35{,}9375x + 46{,}875$ d) $f(x) = -260x + 2065$

5. a) $x_1 = -2;\ x_2 = 2$ b) $x_1 = -2$ c) $x_1 = -0{,}5;\ x_2 = 1{,}5$ d) $x_1 = -1;\ x_2 = 0;\ x_3 = 5$

6. a) $f_{t1}(x) = 3x + 16$ $f_{t2}(x) = 3x - 16$
   b) $f_t(x) = -7x - 16$
   c) $f_{t1}(x) = 2{,}5x + 0{,}208\overline{3}$ $f_{t2}(x) = 2{,}5x - 1{,}125$
   d) $f_{t1}(x) = 3{,}\overline{6}$ $f_{t2}(x) = 0$ $f_{t3}(x) = 291{,}\overline{6}$

7. a) Keine Tangente ist parallel zur x-Achse.
   b) $P_1(-1;\ 0{,}1\overline{3})$ $P_2(0;\ 0)$ $P_3(1;\ -0{,}1\overline{3})$
   c) $P_1(-4;\ 0)$ $P_2(-1{,}686;\ -2{,}08)$ $P_3(1{,}186;\ 1{,}623)$

8. Siehe Lösungen der Aufgaben zu 4.1 bis 4.4.

9. Nach der Summenregel wird gliedweise differenziert. Dabei ergibt nach Potenz- und Faktorregel jedes Glied wieder eine Potenz mit einem Koeffizienten oder eine Konstante. Insgesamt erhält man also wieder eine ganzrationale Funktion.

10. Die Geschwindigkeit-Zeit-Funktion ist Ableitung der Weg-Zeit-Funktion.

11.

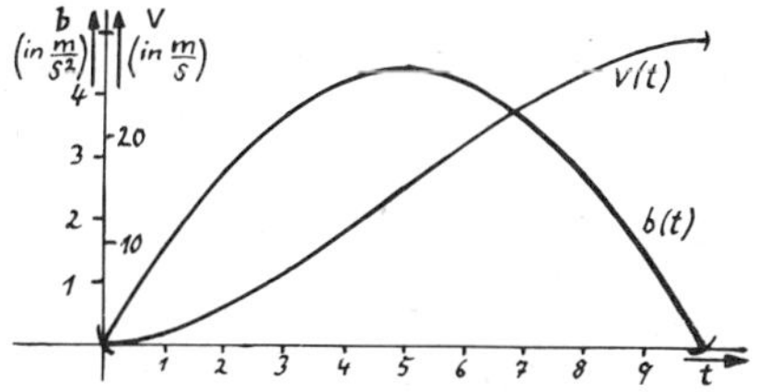

$v(t) = -0{,}06t^3 + 0{,}9t^2$
$b(t) = v'(t) = -0{,}18t^2 + 1{,}8t$
$b'(t) = -0{,}36t + 1{,}8 = 0$

$b_{max} = 4{,}5 \frac{m}{s^2}$ nach $t = 5$ s

4.7 Die Ableitungen von Produkten und Quotienten

S. 157

1. a) $f'(x) = 2x \cdot x^3 + x^2 \cdot 3x^2 = 5x^4$
   b) $f'(x) = 5x^4 \cdot x^9 + x^5 \cdot 9x^8 = 14x^{13}$
   c) $f'(x) = 5x^4 \cdot (x^2 - 4x) + x^5 \cdot (2x - 4) = 7x^6 - 24x^5$
   d) $f'(x) = 4x^3(4x^5 - x^3 + 0{,}25x) + x^4(20x^4 - 3x^2 + 0{,}25) = 36x^8 - 7x^6 + 1{,}25x^4$
   e) $f'(x) = (3x^2 - 4x)(x^2 - 3x + 1) + (x^3 - 2x^2)(2x - 3) = 5x^4 - 20x^3 + 21x^2 - 4x$
   f) $f'(x) = (x^3 - x)(0{,}2x^3 + 0{,}7x) + (0{,}25x^4 - 0{,}5x^2)(0{,}6x^2 + 0{,}7) = 0{,}35x^6 + 0{,}375x^4 - 1{,}05x^2$
   g) $f'(x) = (8x^3 - 9x^2)(2x^4 - 3x^3) + (2x^4 - 3x^3)(8x^3 - 9x^2) = 32x^7 - 84x^6 + 54x^5$

2. a) $f'(x) = \frac{-1}{x^2}$
   b) $f'(x) = \frac{-1}{(x-4)^2}$
   c) $f'(x) = \frac{-2x+2}{(x^2-2x)^2}$
   d) $f'(x) = \frac{-2x(x^2+2) - x^2 \cdot 2x}{x^4(x^2+2)^2} = \frac{-4x^3 - 4x}{x^4(x^2+2)^2}$
   e) $f'(x) = \frac{-2x(x^2+3) - (x^2+1) \cdot 2x}{(x^2+1)^2(x^2+3)^2} = \frac{-4x^3 - 8x}{(x^2+1)^2(x^2+3)^2}$
   f) $f'(x) = \frac{-2x(x^2+3) - (x^2+3) \cdot 2x}{(x^2+3)^4} = \frac{-4x}{(x^2+3)^3}$

3. $f'(x) = u'(x) \cdot v(x) \cdot w(x) + u(x) \cdot v'(x) \cdot w(x) + u(x) \cdot v(x) \cdot w'(x)$

4. a) $f'(x) = 1 \cdot (x-1)(x^2+2) + (x+1) \cdot 1 \cdot (x^2+2) + (x+1)(x-1) \cdot 2x = 4x^3 + 2x$
   b) $f'(x) = 3x^2(x^2-1)^2 + x^3 \cdot 2x(x^2-1) + x^3(x^2-1) \cdot 2x = 7x^6 - 10x^4 + 3x^2$
   c) $f'(x) = 2x(3x^3 - 4x)(2x-1) + (x^2+2)(9x^2-4)(2x-1) + (x^2+2)(3x^3-4x) \cdot 2$
   $= 36x^5 - 15x^4 + 16x^3 - 6x^2 - 32x + 8$
   d) $f'(x) = 1 \cdot (x^2+4)^2 + (x+2) \cdot 2x \cdot (x^2+4) + (x+2)(x^2+4) \cdot 2x$
   $= 5x^4 + 8x^3 + 24x^2 + 32x + 16$

5. a) $f'(x) = -4x^{-5}$
   b) $f'(x) = -17x^{-18}$
   c) $f'(x) = -23x^{-24}$
   d) $f'(x) = -15x^{-4}$
   e) $f'(x) = -20x^{-6}$
   f) $f'(x) = -1{,}2x^{-3}$
   g) $f'(x) = 4x + \frac{4}{3x^2}$
   h) $f'(x) = 9x^2 - \frac{\pi}{2x^2}$
   i) $f'(x) = x + \frac{2\sqrt{2}}{\pi x^3}$

6. a) $f'(x) = x^{-2} - 2(x-3)x^{-3} = \frac{6-x}{x^3}$
   b) $f'(x) = 4(2x-2)x^{-3} - 12(x^2-2x+5)x^{-4} = \frac{-4x^2 + 16x - 60}{x^4}$
   c) $f'(x) = 5(1{,}5x^2 - 4x + 3)x^{-4} - 20(0{,}5x^3 - 2x^2 + 3x)x^{-5} = \frac{-2{,}5x^2 + 20x - 45}{x^4}$

7. a) $f_t(x) = 5{,}625x + 0{,}5625$ b) $f_t(x) = -336x - 528$
c) $f_t(x) = -0{,}5x - 0{,}5$ d) $f_t(x) = 0{,}25x$
e) $f_t(x) = 0{,}5x - 0{,}25$

8. a) $x_1 = 1{,}65$ b) $x_1 = 0$
c) $x_{11} = -\sqrt{2};\ x_{12} = \sqrt{2}$ d) $x_{11} = -1;\ x_{12} = 1$
e) $x_{11} = 1;\ x_{12} = 3{,}11$
f) $x_{11} = -7{,}975;\ x_{12} = -2;\ x_{13} = -0{,}12;\ x_{14} = 2{,}095$
g) $x_{11} = -1;\ x_{12} = 0{,}268;\ x_{13} = 1;\ x_{14} = 3{,}732$

9. a) $x_1 = \sqrt[3]{2} \approx 1{,}26$ b) $x_1 = -2{,}732;\ x_2 = 0{,}732$
c) Keine Tangente mit $m_t = 1$ vorhanden.
d) Alle Tangenten haben $m_t = 1$. (Der Graph ist eine Gerade mit $m = 1$, die bei $x_0 = 1$ eine Lücke hat.)

4.8 Verkettung von Funktionen und Kettenregel

S. 158

1. a) $f'(x) = 5(x^2 - 5x + 2)^4 \cdot (2x - 5)$
b) $f'(x) = 7(-x^3 + 5x^2)^6 \cdot (-3x^2 + 10x)$
c) $f'(x) = 5(x^{-3} + x^{-1}) \cdot (-3x^{-4} - x^{-2})$
d) $f'(x) = -8(2x^3 - 7x - 3)^{-9} \cdot (6x^2 - 7)$
e) $f'(x) = 7(x^4)^6 \cdot 4x^3 = 28x^{27}$
f) $f'(x) = 10(x^{-5})^9 \cdot (-5x^{-6}) = -50x^{-51}$

2. a) $x_1 = 0;\ x_2 = 2;\ x_3 = 3$
b) $x_1 = -\sqrt{2};\ x_2 = 0;\ x_3 = \sqrt{2}$
c) $x_1 = -2;\ x_2 = -\frac{2}{\sqrt{3}};\ x_3 = 0;\ x_4 = \frac{2}{\sqrt{3}};\ x_5 = 2$

3. a) $f'(x) = 5[(x^2-4)(x^3-4x^2)]^4 \cdot [2x(x^3-4x^2) + (x^2-4)(3x^2-8x)]$
Ketten-, Produkt-, Potenz-, Summen- und Faktorregel
b) $f'(x) = 4(x^2-2x)^3 \cdot (2x-2)(2x^3-0{,}5x^2)^3 + (x^2-2x)^4 \cdot 3(2x^3-0{,}5x^2)^2 \cdot (6x^2-x)$
Produkt-, Ketten-, Potenz-, Faktor- und Summenregel
c) $f'(x) = \dfrac{4(x^2-3x+5)^3 \cdot (2x-3)(2x^3-5x^2+4x) - (x^2-3x+5)^4 \cdot (6x^2-10x+4)}{(2x^3-5x^2+4x)^2}$
Quotienten-, Ketten-, Potenz-, Faktor- und Summenregel
d) $f'(x) = \dfrac{(x-2)(0{,}1x^3-0{,}5x^2+x)^3 - (0{,}5x^2-2x+3) \cdot 3(0{,}1x^3-0{,}5x^2+x)^2 \cdot (0{,}3x^2-x+1)}{(0{,}1x^3-0{,}5x^2+x)^2}$
Quotienten-, Ketten-, Potenz-, Faktor- und Summenregel
e) $f'(x) = 3\left(\dfrac{x^4-2x^2-5}{x^2-4}\right)^2 \dfrac{(4x^3-4x)(x^2-4) - (x^4-2x^2-5) \cdot 2x}{(x^2-4)^2}$
Ketten-, Quotienten-, Potenz-, Faktor- und Summenregel
f) $f'(x) = 5\left(\dfrac{(2x^3-4x)^3 \cdot (x^2+5)^4}{x^3-2x}\right)^4$
$\dfrac{[3(2x^3-4x)^2 \cdot (6x^2-4)(x^2+5)^4 + (2x^3-4x)^3 \cdot 4(x^2+5)^3 \cdot 2x] \cdot (x^3-2x) - (2x^3-4x)^3 \cdot (x^2+5)^4 \cdot (3x^2-2)}{(x^3-2x)^2}$
Ketten-, Quotienten-, Produkt-, Potenz-, Faktor- und Summenregel

3. g) $f'(x)=4(x^2+a^2)^3\cdot 2x$

Ketten-, Potenz- und Summenregel

h) $f'(x)=n(a_2x^2+a_1x+a_0)^{n-1}\cdot(2a_2x+a_1)$

Ketten-, Potenz-, Faktor- und Summenregel

i) $f'(x)=\dfrac{(2ax+b)(ax-b)^3-(ax^2+bx)\cdot 3(ax-b)^2\cdot a}{(ax-b)^6}$

Quotienten-, Ketten-, Potenz-, Faktor- und Summenregel

k) $f'(x)=k\left(\dfrac{ax^2+bx+c}{ax^3-c}\right)^{k-1}\cdot\dfrac{(2ax+b)(ax^3-c)-(ax^2+bx+c)\cdot 3ax^2}{(ax^3-c)^2}$

Ketten-, Quotienten-, Potenz-, Faktor- und Summenregel

4.9 Die Ableitung der Quadratwurzelfunktion

S. 158

1. a) $f'(x)=2x+\dfrac{1}{2\sqrt{x}}$

b) $f'(x)=2x\sqrt{x}+\dfrac{x^2}{2\sqrt{x}}=2{,}5x\sqrt{x}$

c) $f'(x)=(3x^2-2)\sqrt{x}+\dfrac{x^3-2x}{2\sqrt{x}}=\dfrac{7x^3-6x}{2\sqrt{x}}$

d) $f'(x)=\dfrac{\frac{1}{2\sqrt{x}}(x^2+2)-2x\sqrt{x}}{(x^2+2)^2}=\dfrac{2-3x^2}{2\sqrt{x}(x^2+2)^2}$

e) $f'(x)=\dfrac{-\frac{1}{2\sqrt{x}}}{x}=\dfrac{-1}{2x\sqrt{x}}$

f) $f'(x)=\dfrac{\left[(3x^2-2)\sqrt{x}+\frac{x^3-2x}{2\sqrt{x}}\right]\cdot(x^2+2)-2x(x^3-2x)\sqrt{x}}{(x^2+2)^2}=\dfrac{3x^5+16x^3-12x}{2(x^2+2)^2\cdot\sqrt{x}}$

g) $f'(x)=0$

h) $f'(x)=\dfrac{(1{,}5x^2-2)\sqrt{x^2+3x}-\frac{(0{,}5x^3-2x)(2x+3)}{2\sqrt{x^2+3x}}}{x^2+3x}=\dfrac{2x^4+7{,}5x^3-6x}{2(x^2+3x)\sqrt{x^2+3x}}$

i) $f'(x)=\dfrac{1}{2}\sqrt{\dfrac{x^2-9}{x^2-4}}\cdot\dfrac{2x(x^2-9)-(x^2-4)\cdot 2x}{(x^2-9)^2}=\dfrac{-5x}{(x^2-9)^2}\cdot\sqrt{\dfrac{x^2-9}{x^2-4}}$

k) $f'(x)=\dfrac{2x}{2\sqrt{x^2-2a^2}}=\dfrac{x}{\sqrt{x^2-2a^2}}$

l) $f'(x)=\dfrac{1}{2}\sqrt{\dfrac{b^2+x^2}{x^2-a^2}}\cdot\dfrac{2x(b^2+x^2)-(x^2-a^2)\,2x}{(b^2+x^2)^2}=\dfrac{a^2x+b^2x}{(b^2+x^2)^2}\sqrt{\dfrac{b^2+x^2}{x^2-a^2}}$

m) $f'(x)=\dfrac{3(x^3-2b^4)^2\cdot 3x^2}{2\sqrt{(x^3-2b^4)^3}}=\dfrac{9x^5-18b^4x^2}{2\sqrt{x^3-2b^4}}$

2. a) $x_1 = 2{,}0625$
   b) $x_1 = -4{,}14575$; $x_2 = 1{,}14575$
   c) $x_1 = 1{,}1158$.

3. a) $x_1 = 0$ b) $x_1 = 3$
   c) Es gibt keine waagerechte Tangente.

4. Nicht differenzierbar wegen senkrechter Tangenten sind:
   a) bei $x_1 = -5$ b) bei $x_1 = -2$; $x_2 = 2$
   c) überall differenzierbar d) bei $x_1 = -3$; $x_2 = 3$

5. a) $f_t(x) = 0{,}5x - 3{,}5$ b) $f_t(x) = 4x + 12$
   c) $f_t(x) = -0{,}375x + 3{,}875$ d) $f_t(x) = 1$

Prüfen Sie Ihr Wissen zu Kapitel 4 S. 159

1. a) $f'(-1) = -10{,}08$ b) $f'(-1) = \frac{1}{3}$ c) $f'(-1) = -8$

2. Ihr Graph hat überall eine eindeutige Tangente, bzw. ihre Ableitung, d.h. der Grenzwert $g'(x_0) = \lim\limits_{x \to x_0} \frac{g(x) - g(x_0)}{x - x_0}$, existiert für alle $x_0 \in D$.

3. $f'(x) = 0 \cdot g(x) + a \cdot g'(x) = a \cdot g'(x)$

4. 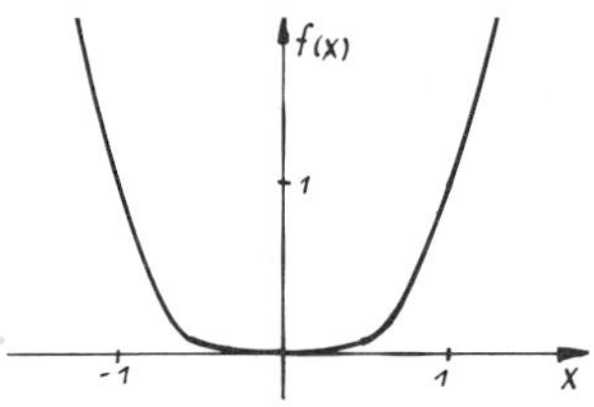

Der Graph hat überall, auch für $x_0 = 0$, eine eindeutige Tangente. Daher ist die Funktion differenzierbar.

5. Wo der Graph unterbrochen ist, hat er keine eindeutige Tangente.

6. Durch Probieren ist ein Extrempunkt nicht genau zu erfassen.

7. a) $x_1 = 3$ b) $x_1 = 2$ c) $x_1 = -3$; $x_2 = 0$; $x_3 = 3$
   d) $x_1 = 0$ e) $x_1 = 1$ f) $x_1 = -\frac{8}{3} = -2{,}\overline{6}$; $x_2 = 1$

8. a) $f_t(x) = 0$ b) $f_t(x) = 2{,}5x - 1{,}5$
   c) $f_t(x) = 18x - 46$

9. $f'(x) = \frac{1}{2}x^{-\frac{1}{2}} = \frac{1}{2\sqrt{x}}$

10. $f'(x) = \frac{3x^2}{2\sqrt{x^3}} = \frac{3}{2}\sqrt{x}$

    $g'(x) = \frac{3}{2}x^{\frac{1}{2}} = \frac{3}{2}\sqrt{x}$

11. a) $f'(x) = \frac{2x}{2\sqrt{x^2}} = 1$ $\qquad g'(x) = 2\sqrt{x} \cdot \frac{1}{2\sqrt{x}} = 1$

b) $f'(x) = \frac{2(2x-3)\cdot 2}{2\sqrt{(2x-3)^2}} = 2$ $\qquad g'(x) = 2\sqrt{2x-3} \cdot \frac{2}{2\sqrt{2x-3}} = 2$

12. a) $f'(x) = 3x^2 \cdot \sin x + (x^3+1)\cos x$

b) $f'(x) = (2x+2)\cdot\cos(x^2+2x-1)$

c) $f'(x) = 6\sin(3x-2)\cdot\cos(3x-2)$

d) $f'(x) = \frac{3(x^3+1)\cos x + 9x^2 \sin x}{(x^3+1)^2}$

e) $f'(x) = \frac{(2x+2)(x-3)-(x^2+2x)}{(x-3)^2} \cos\frac{x^2+2x}{x-3} = \frac{x^2-6x-6}{(x-3)^2}\cos\frac{x^2+2x}{x-3}$

f) $f'(x) = \frac{800\pi(x-4)^3\cdot\sin(100\pi x)\cos(100\pi x) - 3(x-4)^2\cdot(2\sin(100\pi x))^2}{(x-4)^6}$

$= \frac{800\pi(x-4)\cdot\sin(100\pi x)\cdot\cos(100\pi x) - 12(\sin(100\pi x))^2}{(x-4)^4}$

g) $f'(x) = \frac{-2\cos x}{(\sin x)^3}$

h) $f'(x) = \frac{-1}{x^2}\cdot\cos\frac{1}{x}$

i) $f'(x) = \frac{2\cos(2x-\pi)\cdot\sin(2\pi x) - 2\pi\cdot\sin(2x-\pi)\cdot\cos(2\pi x)}{(\sin(2\pi x))^2}$

13. $f(x) = \sqrt{1-(\sin x)^2} \Rightarrow f'(x) = \frac{-2\sin x\cdot\cos x}{2\sqrt{1-(\sin x)^2}} = -\sin x$

14. $f'(x) = \frac{(\cos x)^2 + (\sin x)^2}{(\cos x)^2} = \frac{1}{(\cos x)^2}$

$g'(x) = \frac{-(\sin x)^2 - (\cos x)^2}{(\sin x)^2} = \frac{-1}{(\sin x)^2}$

15. $f_t(x) = 2{,}5x + 2$ (Tangente)

16. Wenn die Wurzel gleich Null ist, ist zwar meist die Funktion, aber nicht ihre Ableitung definiert, weil dort die Wurzel im Nenner steht, z. B. $f(x) = \sqrt{x} \Rightarrow f'(x) = \frac{1}{2\sqrt{x}}$.

17. a) $D_{max} = \mathbb{R}\setminus]-2; 2[$; nicht differenzierbar für $x_{01} = -2$ und $x_{02} = 2$

b) $D_{max} = \mathbb{R}$; differenzierbar für alle $x \in \mathbb{R}$

c) $D_{max} = \{x \in \mathbb{R} \mid x \geqslant 1{,}5 \wedge x \neq 3\}$; nicht differenzierbar für $x_0 = 1{,}5$

5 Anwendung der Differentialrechnung

5.1 Extremwertaufgaben

S. 172, 173, 174

1.

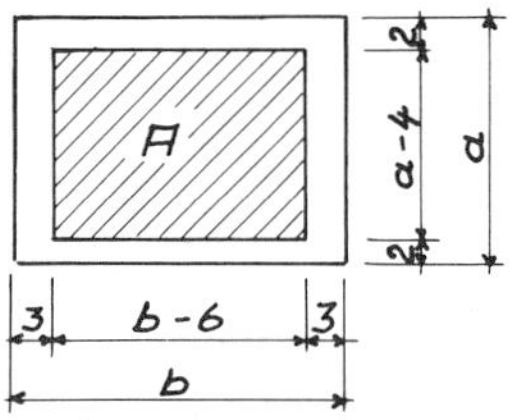

H.B.: $A = (a-4) \cdot (b-6)$

N.B.: $a \cdot b = 50$

$b = 50 : a$

$a = x \Rightarrow f(x) = (x-4)\left(\frac{50}{x} - 6\right)$

$x \in \,]4;\, 8{,}33[$

Die Länge beträgt $b \approx 8{,}66$ cm, die Breite $a \approx 5{,}77$ cm und die Fläche $A \approx 4{,}71\ \text{cm}^2$.

2.

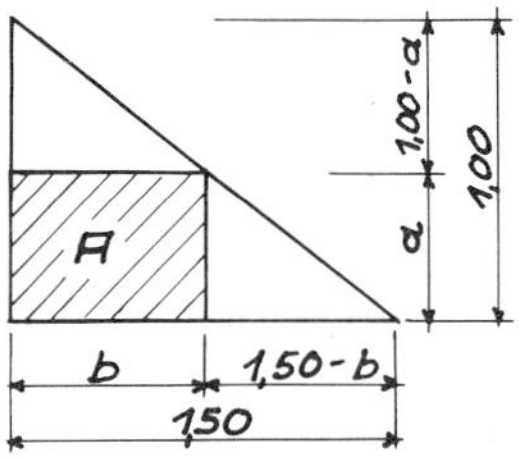

H.B.: $A = a \cdot b$

N.B.: $(1{,}5 - b) : a = 1{,}5 : 1{,}0$

$b = 1{,}5 - 1{,}5\,a$

$a = x \Rightarrow f(x) = 1{,}5\,x - 1{,}5\,x^2$

$x \in \,]0;\, 1[$

Die Abmessungen betragen $a = 0{,}5$ m, $b = 0{,}75$ m und die Fläche $A = 0{,}375\ \text{m}^2$.

3.

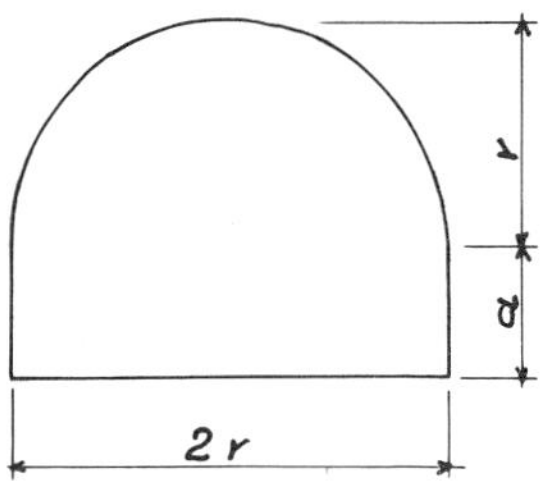

H.B.: $U = 2r + 2a + r \cdot \pi$

N.B.: $5 = 2r \cdot a + \frac{1}{2} r^2 \cdot \pi$

$a = \frac{5}{2r} - \frac{r \cdot \pi}{4}$

$r = x \Rightarrow U = f(x) = 2x + \frac{5}{x} + \frac{1}{2}\pi \cdot x$

$x \in \,]0;\, 1{,}78[$

Die Höhe des Rechtecks muß mit $a \approx 1{,}18$ m und der Radius $r \approx 1{,}18$ m gewählt werden.

4.

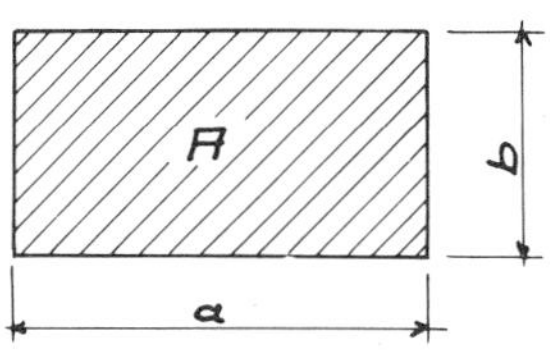

H.B.: $A = a \cdot b$

N.B.: $2a + 2b = 1{,}20$

$b = 0{,}60 - a$

$a = x \Rightarrow A = f(x) = 0{,}6\,x - x^2$

$x \in \,]0;\, 0{,}60[$

Der Luftkanal muß die Abmessungen $a = b = 0{,}30$ m erhalten, dann ist $A = 0{,}09\ \text{m}^2$.

5.

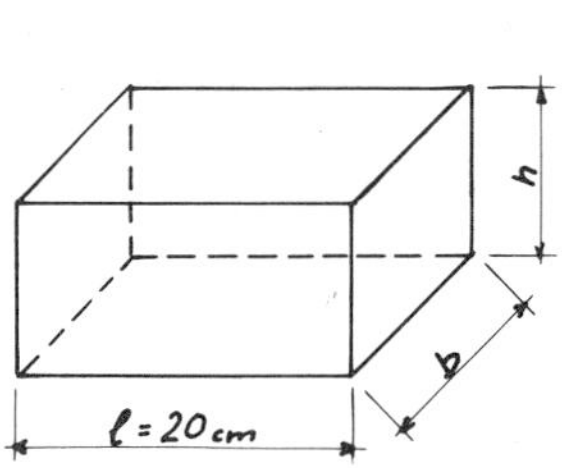

H.B.: $A = 2(20h + 20b + hb)$

N.B.: $800 = 20h \cdot b$

$h = 40 : b$

$b = x \Rightarrow A = f(x) = \frac{1600}{x} + 40x + 80$

$x \in \mathbb{R}_+^*$

Wählt man $h = b \approx 6{,}32$ cm, dann wird die Oberfläche ein Minimum mit $A \approx 585{,}9\ \text{cm}^2$.

6.

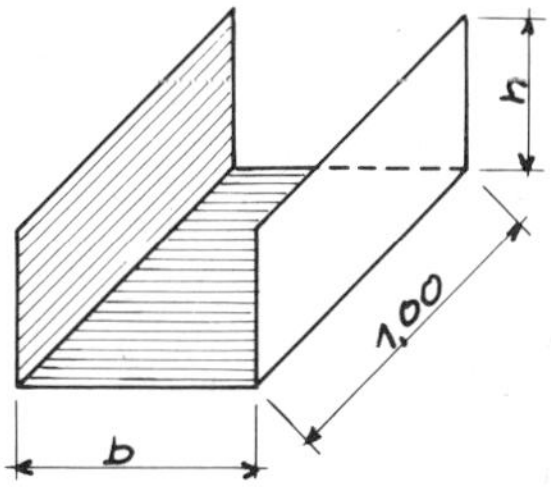

H.B.: Preis für ein 1 m langes Kanalstück

$P = 1 \cdot 1 \cdot b + 2 \cdot 2 \cdot (1 \cdot h)$

N.B.: $h \cdot b = 2$

$h = 2 : b$

$b = x \Rightarrow P = f(x) = x + \frac{8}{x}$; $x \in \mathbb{R}_+^*$

Wählt man die Höhe $h = 71$ cm und die Breite $b = 2{,}83$ m, dann sind die Kosten des Kanals am geringsten.

7. Der Gewinn beträgt bei einem Verkauf von 12000 kg pro kg: $35 - 22 = 13$ DM. Bei einem Verkauf von 13100 kg pro kg: $34{,}40 - 22 = 12{,}40$ DM. Wird der Absatz um 1100 kg erhöht, fällt jeweils der Gewinn pro 1 kg um 0,60 DM, daraus ergeben sich folgende Beziehungen:

H.B.: Gewinn insgesamt $G = (12000 + b) \cdot (13{,}00 - a)$

N.B.: 0,60 (DM) : 1100 (Stück) $= a : b$

$$b = \frac{1100a}{0{,}6}$$

$$a = x \Rightarrow G = f(x) = \left(1200 + \frac{1100x}{0{,}6}\right) \cdot (13{,}00 - x); \quad x \in]0;\, 13[$$

Bei einem Verkaufspreis von 31,77 DM ist der Absatz uzm 5921,67 kg höher und der Gewinn $G = 175\,094{,}71$ DM ist ein Maximum.

8.

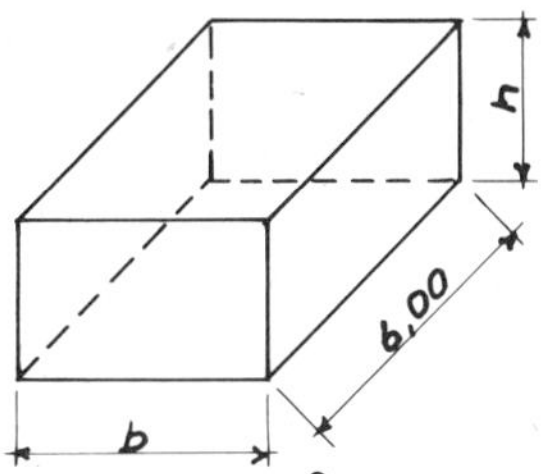

H.B.: $P = 6b + 2 \cdot 2bh + 2 \cdot 2 \cdot 6h + 4 \cdot 6b$

N.B.: $60 = 6bh$

$h = 10 : b$

$b = x \Rightarrow P = f(x) = 30x + \frac{240}{x} + 40$

$x \in \mathbb{R}_+^*$

Die Anstrichskosten sind am billigsten, wenn die Höhe $h = 3{,}53$ m und die Breite $b = 2{,}83$ m gewählt wird.

9. H.B.: $V = l \cdot \frac{2}{3} l \cdot h$ N.B.: $90 = l + \frac{2}{3} l + h$

$$h = 90 - \frac{5}{3} l$$

$$l = x \Rightarrow V = f(x) = 60x^2 - \frac{10}{9}x^3; \quad x \in]0;\, 54[$$

Den größten Rauminhalt $V = 25\,920\ \text{cm}^3$ erhält das Paket, wenn $l = 36$; $b = 24$ und $h = 30$ cm gewählt wird.

10. Da die seitlichen Wände gerade und senkrecht verlaufen sollen, muß der Grundriß des Ausstellungsraumes quadratisch sein. Darum ist d_1 die Diagonale des Raumes, seine Grundseite ist $a = \frac{d_1}{\sqrt{2}}$

H.B.: Volumen des Raumes: $V_R = \frac{d_1^2}{2} \cdot h_1$

N.B.: $d : d_1 = h : (h - h_1)$

$$h_1 = -\frac{d_1 \cdot h}{d} + h \quad \text{besser} \quad h_1 = h - \frac{d_1 \cdot h}{d}$$

10. $d_1 = x \Rightarrow V_R = f(x) = x^2 \cdot \frac{h}{2} - \frac{x^3 \cdot h}{2d}$; $x \in]0; d[$

Der Ausstellungsraum muß eine Seitenlänge von $a = \frac{\sqrt{2}}{3}d$ und eine Höhe $h_1 = \frac{1}{3}h$ erhalten, dann ist die Raumgröße maximal.

11. 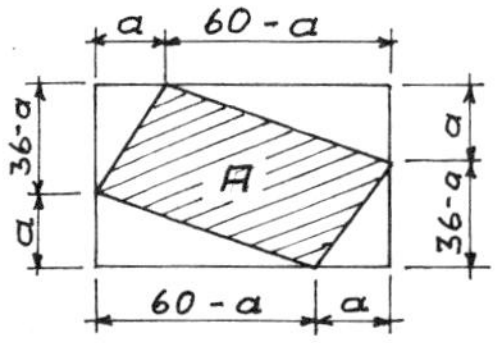

H.B.: $A = 36 \cdot 60 - 2 \cdot \frac{1}{2} \cdot a \cdot (36 - a) - 2 \cdot \frac{1}{2} \cdot a \cdot (60 - a)$

$a = x \Rightarrow f(x) = 2x^2 - 96x + 2160$

Für $a = 24$ m ergibt sich die minimale Fläche mit $A = 1008\ m^2$.

12. 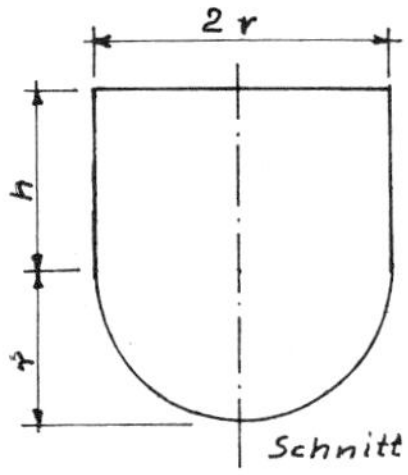

(Mit Deckel)

H.B.: $O = 2 \cdot \pi \cdot r^2 + 2 \cdot \pi \cdot r \cdot h + \pi \cdot r^2$

N.B.: $10000 = \frac{2}{3} \cdot \pi \cdot r^3 + \pi \cdot r^2 \cdot h$

$h = \frac{10000}{\pi \cdot r^2} - \frac{2}{3} \cdot r$

$r = x \Rightarrow O = f(x) = \frac{5}{3} \cdot \pi \cdot x^2 + \frac{20000}{x}$

Wählt man $r = h = 12{,}41$ dm, dann ist die Oberfläche mit $O = 2417{,}99\ dm^2$ ein Minimum.

13. 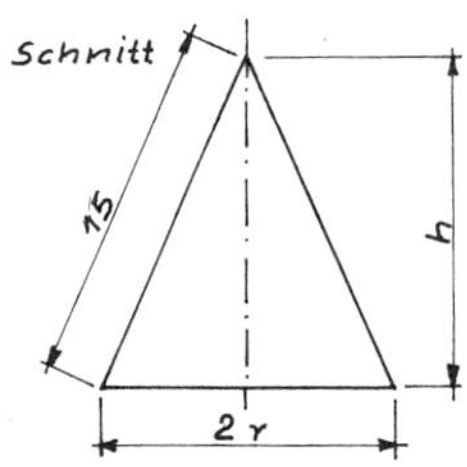

H.B.: $V = \frac{1}{3} \cdot \pi \cdot h \cdot r^2$

N.B.: $r^2 + h^2 = 225$

$r = \sqrt{225 - h^2}$

$h = x \Rightarrow V = f(x) = -\frac{\pi}{3} \cdot x^3 + \frac{225\pi}{3} \cdot x$

Für $h = x = 8{,}66$ cm wird das Volumen mit $V = 1360{,}34\ cm^3$ ein Maximum.

14. H.B.: $S = q^2 + \pi \cdot r^2$

N.B.: $a = q + r$

$q = a - r$

$r = x \Rightarrow S = f(x) = x^2 - 2ax + (1 + \pi) \cdot x^2$

Die größte Summe liegt für $r = \frac{a}{1 + \pi}$ und $q = \frac{a \cdot \pi}{1 + \pi}$ vor.

15. H.B.: $A = x_0 \cdot f(x_0)$

N.B.: $f(x_0) = 0{,}2x_0^2 - 2x_0 + 5$

$x_0 = x \Rightarrow A = f(x) = 0{,}2x^3 - 2x^2 + 5x$

Die maximale Fläche $A = 3{,}7$ FE wird bei $x = 1{,}667$ erreicht.

16. H.B.: $A = l \cdot b$

N.B.: $l = 2x_0$ und $b = f(x_0) = 12 - x_0^2$

$x_0 = x \Rightarrow A = f(x) = 24x - 2x^3$

Bei $x = 2$ wird die maximale Fläche $A = 32$ FE.

17.

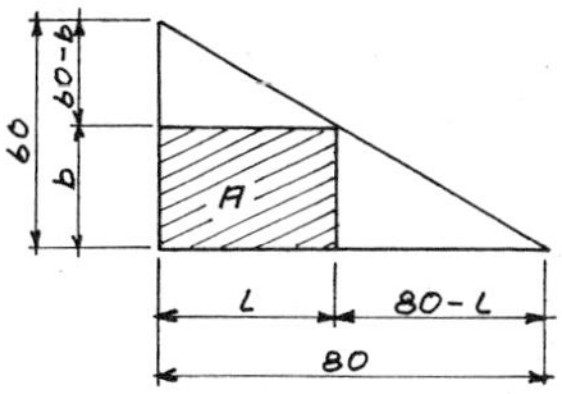

H.B.: $A = l \cdot b$

N.B.: $b : (80 - l) = 60 : 80$

$b = 60 - 0{,}75 \cdot l$

$l = x \Rightarrow A = f(x) = 60x - 0{,}75x^2$

Bei einer Länge $l = 40$ m und einer Breite $b = 30$ m wird die maximale Grundfläche $A = 1200\ m^2$.

18.

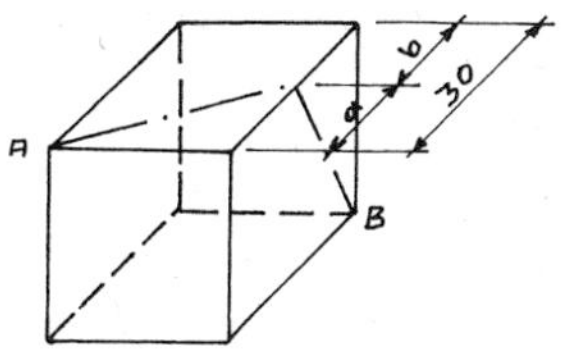

H.B.: $l = \sqrt{30^2 + a^2} + \sqrt{30^2 + b^2}$

N.B.: $a + b = 30$

$b = 30 - a$

$a = x \Rightarrow l = f(x) = \sqrt{900 + x^2} + \sqrt{1800 - 60x + x^2}$

Wird $a = b = 15$ cm gewählt, dann beträgt der minimale Weg $l = 67{,}07$ cm.

19.

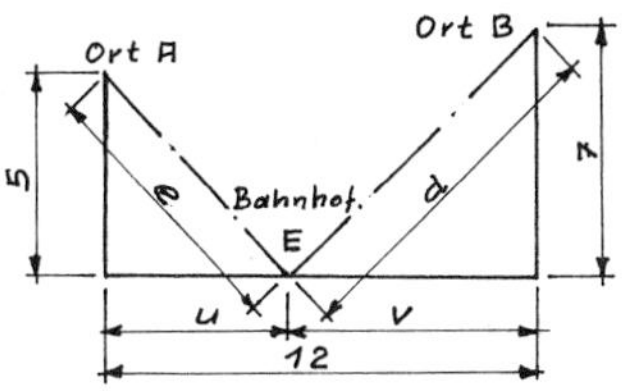

H.B.: $l = e + d = \sqrt{u^2 + 5^2} + \sqrt{v^2 + 7^2}$

N.B.: $u + v = 12$

$u = 12 - v$

$v = x \Rightarrow l = f(x) = \sqrt{169 - 24x + x^2} + \sqrt{49 + x^2}$

Mit der Wahl von $v = 7$ km wird die Summe der Zufahrtsstrecken $e = 7{,}071$ km und $d = 9{,}899$ km am kleinsten.

20. H.B.: (Herstellungskosten) $H = 2 \cdot (2 \cdot \pi \cdot r \cdot h) + 2 \cdot \pi \cdot r^2$

N.B.: $330 = \pi \cdot r^2 \cdot h$

$$h = \frac{330}{\pi \cdot r^2}$$

$$r = x \Rightarrow H = f(x) = \frac{1320}{x} + 2 \cdot \pi \cdot x^2$$

Die geringsten Herstellungskosten entstehen bei einer Wahl von $h = r = 4{,}72$ cm.

21.

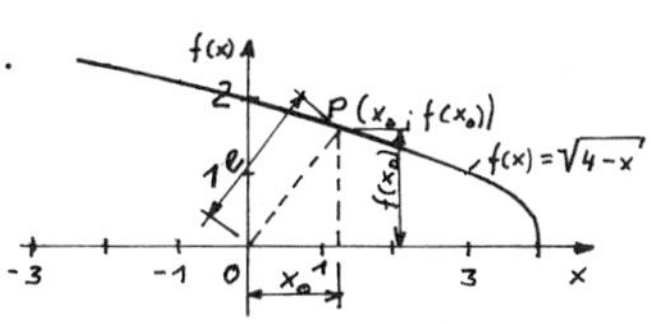

H.B.: $e = \sqrt{x_0^2 + (f(x_0))^2}$

N.B.: $f(x_0) = \sqrt{4 - x_0}$

$x_0 = x \Rightarrow e = f(x) = \sqrt{x^2 - x + 4}$

Den kleinsten Abstand zum Ursprung hat der Punkt $P(0{,}5;\ 1{,}87)$ mit $e = 1{,}94$.

22.

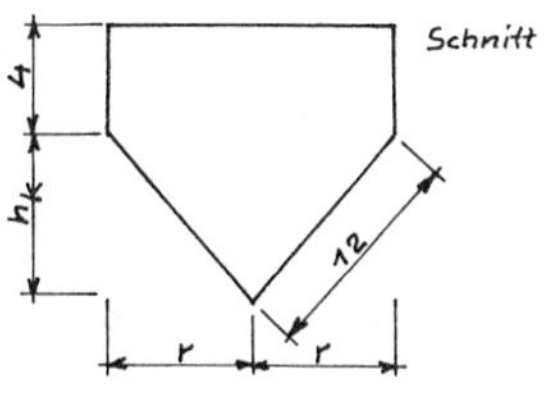

H.B.: $V = \frac{1}{3}\pi \cdot h_K \cdot r^2 + 4 \cdot \pi \cdot r^2$

N.B.: $12^2 = r^2 + h_K^2$

$r^2 = 144 - h_K^2$

$h_K = x \Rightarrow V = f(x)$

$$f(x) = -\frac{\pi}{3} \cdot x^3 - 4 \cdot \pi \cdot x^2 + 48 \cdot \pi \cdot x + 576 \cdot \pi$$

Für $h_K = 4$ m und $r = 11{,}31$ m wird das maximale Volumen mit $V = 2144{,}66\ m^3$ erreicht.

23.

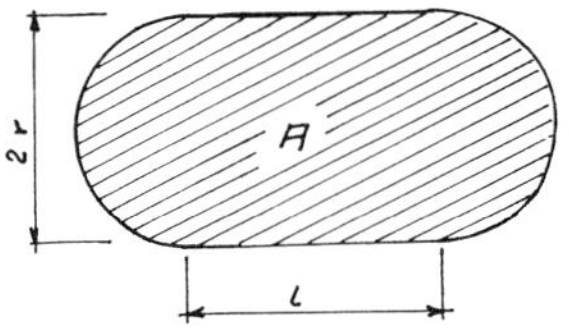

a)
H.B.: $A=\pi \cdot r^2+2 \cdot r \cdot l$
N.B.: $2 \cdot \pi \cdot r+2 \cdot l=400$
$l=200-\pi \cdot r$
$r=x \Rightarrow A=f(x)=-\pi \cdot x^2+400 \cdot x$
Mit $r=63{,}66$ m und $l=0$ wird die größte Fläche $A=12731{,}61\ m^2$ erreicht.

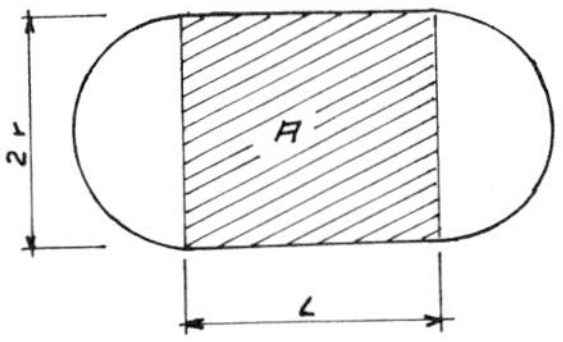

b)
H.B.: $A=2 \cdot r \cdot l$
N.B.: $2 \cdot \pi \cdot r+2 \cdot l=400$
$l=200-\pi \cdot r$
$r=x \Rightarrow A=f(x)=400 \cdot x-2 \cdot \pi \cdot x^2$
Das maximale Fußballfeld hat die Abmessungen $r=31{,}83$ m und $l=100$ m.

5.2 Kurvendiskussion

S. 174, 175

1. a)
$$f(x)=\frac{1}{9}x^4-x^2$$
$$f'(x)=\frac{4}{9}x^3-2x$$
$$f''(x)=\frac{4}{3}x^2-2$$
$$f'''(x)=\frac{8}{3}x$$

Wertetabelle

x	-3	$-\frac{3}{\sqrt{2}}$	$-\sqrt{1{,}5}$	0	$\sqrt{1{,}5}$	$\frac{3}{\sqrt{2}}$	3
f(x)	0	$-2{,}25$	$-1{,}25$	0	$-1{,}25$	$-2{,}25$	0
f′(x)	-6	0	1,63	0	$-1{,}63$	0	6

$x_{01}=-3$ $\quad x_{21}=-\sqrt{1{,}5}$
$x_{02}=0$ $\quad x_{22}=\sqrt{1{,}5}$
$x_{03}=3$

$x_{11}=-\frac{3}{\sqrt{2}}$ Min.
$x_{12}=0$ Max.
$x_{13}=\frac{3}{\sqrt{2}}$ Min.

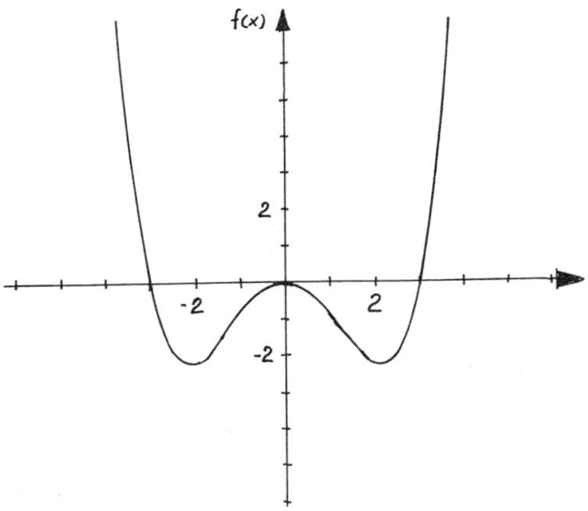

1. b) $f(x) = \frac{1}{3}x^3 + 2x$

$f'(x) = x^2 + 2$

$f''(x) = 2x$

$f'''(x) = 2$

$x_{01} = 0$

$x_{21} = 0$

Wertetabelle

x	$-\infty$	0	∞
f(x)	$-\infty$	0	∞
f′(x)	∞	2	∞

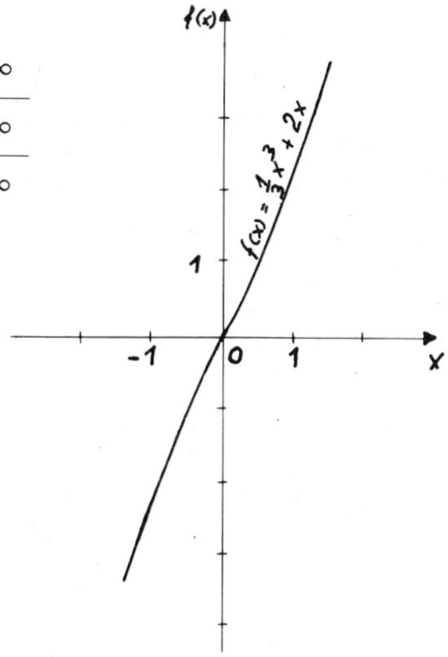

c) $f(x) = 3 - 2{,}5x^2 + x^4$

$f'(x) = -5x + 4x^3$

$f''(x) = -5 + 12x^2$

$f'''(x) = 24x$

$x_{11} = -\sqrt{1{,}25}$ Min.

$x_{12} = 0$ Max.

$x_{13} = \sqrt{1{,}25}$ Min.

$x_{21} = -\sqrt{\frac{5}{12}}$

$x_{22} = +\sqrt{\frac{5}{12}}$

Wertetabelle

x	$-\infty$	$-\sqrt{1{,}25}$	$-\sqrt{\frac{5}{12}}$	0	$\sqrt{\frac{5}{12}}$	$\sqrt{1{,}25}$	∞
f(x)	$+\infty$	1,44	2,13	3	2,13	1,44	∞
f′(x)	$-\infty$	0	2,15	0	−2,15	0	∞

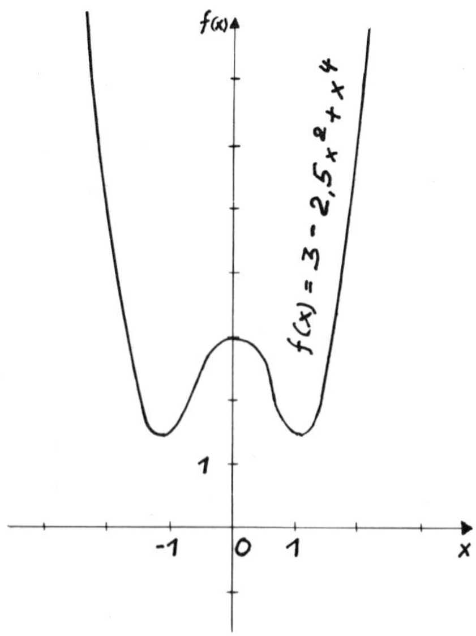

1. d) $f(x) = 4x - \frac{1}{20}x^5$

$f'(x) = 4 - \frac{1}{4}x^4$

$f''(x) = -x^3$

$f'''(x) = -3x^2$

$x_{01} = -\sqrt[4]{80}$

$x_{02} = 0$

$x_{03} = \sqrt[4]{80}$

$x_{11} = -2$ Min.

$x_{12} = 2$ Max.

$x_{21} = 0$

Wertetabelle

x	$-\infty$	$-\sqrt[4]{80}$	-2	0	2	$\sqrt[4]{80}$	∞
f(x)	∞	0	$-6{,}4$	0	$+6{,}4$	0	$-\infty$
f′(x)	$-\infty$	-16	0	4	0	-16	$-\infty$

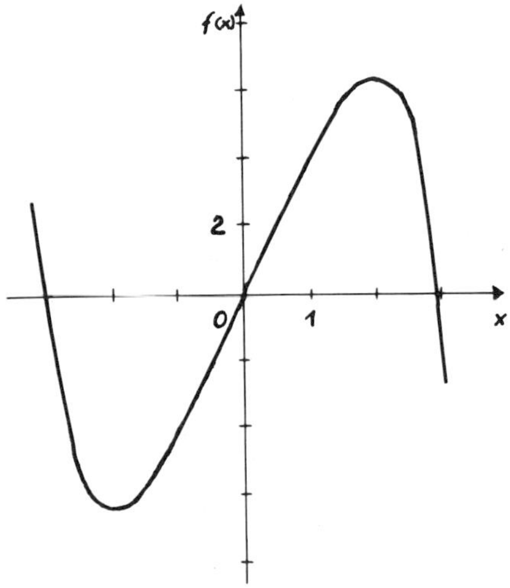

e) $f(x) = \frac{1}{10}x^5 - \frac{4}{3}x^3 + 6x$

$f'(x) = \frac{1}{2}x^4 - 4x^2 + 6$

$f''(x) = 2x^3 - 8x$

$f'''(x) = 6x^2 - 8$

$x_{01} = 0$

$x_{11} = -\sqrt{6}$ Max.

$x_{12} = -\sqrt{2}$ Min.

$x_{13} = \sqrt{2}$ Max.

$x_{14} = \sqrt{6}$ Min.

$x_{21} = -2$

$x_{22} = 0$

$x_{23} = 2$

Wertetabelle

x	$-\sqrt{6}$	-2	$-\sqrt{2}$	0	$\sqrt{2}$	2	$\sqrt{6}$
f(x)	$-3{,}92$	$-4{,}53$	$-5{,}28$	0	$5{,}28$	$+4{,}53$	$3{,}92$
f′(x)	0	-2	0	6	0	-2	0

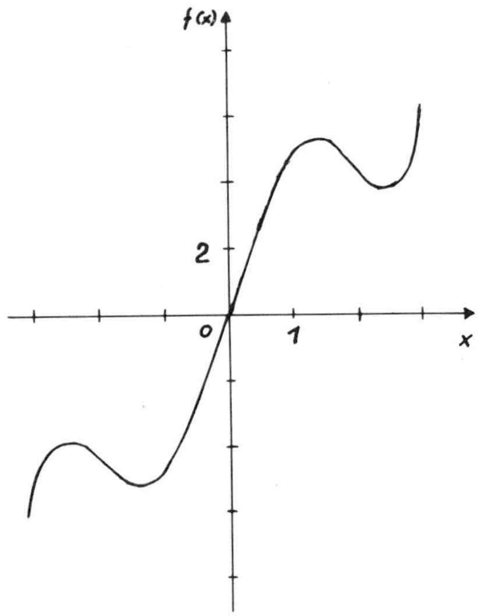

1. f) $f(x) = \frac{1}{16}x^4 - \frac{2}{3}x^3 + 2{,}5x$

$f'(x) = \frac{1}{4}x^3 - 2x^2 + 2{,}5$

$f''(x) = \frac{3}{4}x^2 - 4x$

$f'''(x) = \frac{3}{2}x - 4$

$x_{01} = -1{,}79$
$x_{02} = 0$
$x_{03} = 2{,}17$
$x_{04} = 10{,}29$

$x_{11} = -1{,}05$ Min.
$x_{12} = 1{,}21$ Max.
$x_{13} = 7{,}84$ Min.

$x_{21} = 0$
$x_{22} = 5{,}33$

Wertetabelle

x	−1,79	−1,05	0	1,21	2,17	5,33	7,84	10,29
f(x)	0	−1,77	0	1,98	0	−37,1	−65,5	0
f′(x)	−5,34	0	2,5	0	−4,36	−16,5	0	+63,12

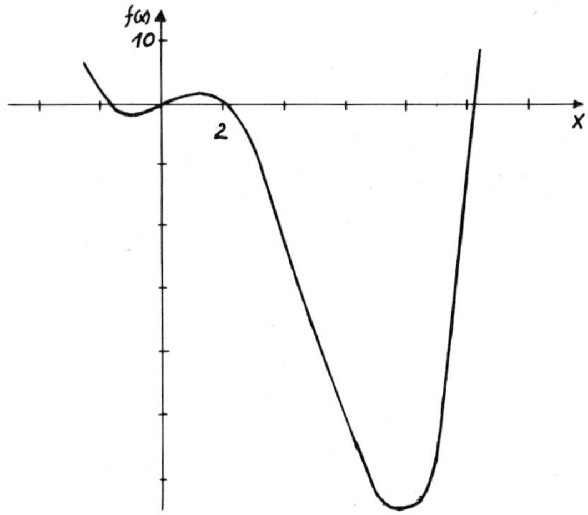

g) $f(x) = \frac{1}{16}x^4 + \frac{5}{8}x^3 - 1{,}5x$

$f'(x) = \frac{1}{4}x^3 + \frac{15}{8}x^2 - 1{,}5$

$f''(x) = \frac{3}{4}x^2 + \frac{15}{4}x$

$f'''(x) = \frac{3}{2}x + \frac{15}{4}$

$x_{01} = -9{,}75$
$x_{02} = -1{,}7$
$x_{03} = 0$
$x_{04} = 1{,}45$

$x_{11} = -7{,}39$ Min.
$x_{12} = -0{,}96$ Max.
$x_{13} = 0{,}85$ Min.

$x_{21} = -5$
$x_{22} = 0$

Wertetabelle

x	−9,75	−7,39	−5	−1,7	−0,96	0	0,85	1,45
f(x)	0	−54,97	−31,56	0	0,94	0	−0,86	0
f′(x)	−54,97	0	14,13	2,69	0	−1,5	0	3,20

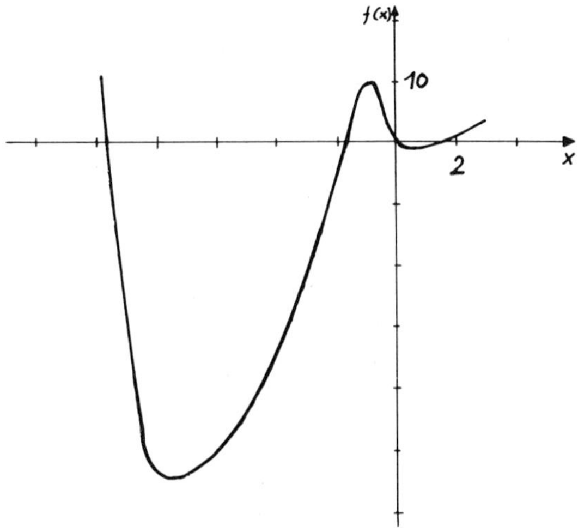

1. h) $f(x) = \frac{1}{4}x^4 + 1{,}25x^3 + 1{,}5x^2$

$f'(x) = x^3 + 3{,}75x^2 + 3x$
$f''(x) = 3x^2 + 7{,}5x + 3$
$f'''(x) = 6x + 7{,}5$

Wertetabelle

x	-3	$-2{,}60$	-2	$-1{,}16$	$-0{,}5$	0
f(x)	0	$-0{,}406$	0	0,52	0,234	0
f'(x)	$-2{,}25$	0	1	0	$-0{,}69$	0

$x_{01} = -3$
$x_{02} = -2$
$x_{03} = 0$
$x_{11} = -2{,}60$ Min.
$x_{12} = -1{,}16$ Max.
$x_{13} = 0$ Min.
$x_{21} = -2$
$x_{22} = -0{,}5$

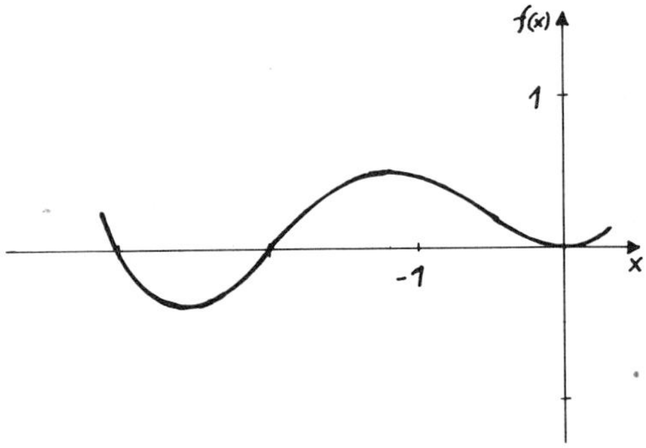

i) $f(x) = \frac{1}{5}x^5 - \frac{5}{4}x^4 + 2x^3$

$f'(x) = x^4 - 5x^3 + 6x^2$
$f''(x) = 4x^3 - 15x^2 + 12x$
$f'''(x) = 12x^2 - 30x + 12$

Wertetabelle

x	0	1,16	2	2,59	3
f(x)	0	1,28	2,4	1,81	1,35
f'(x)	0	2,08	0	$-1{,}62$	0

$x_{01} = 0$
$x_{11} = 0$ Sattelp.
$x_{12} = 2$ Max.
$x_{13} = 3$ Min.
$x_{21} = 0$
$x_{22} = 1{,}16$
$x_{23} = 2{,}59$

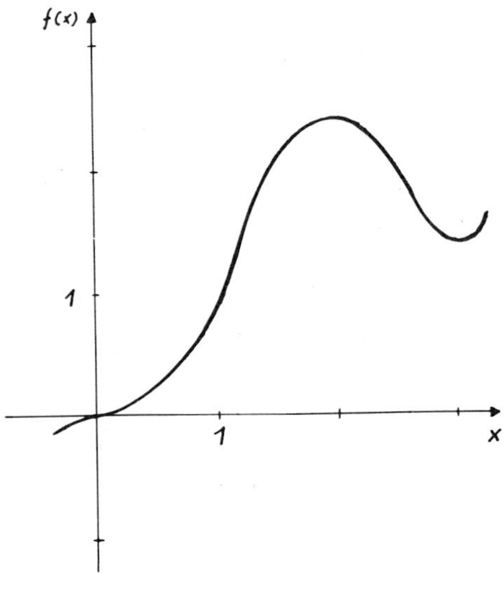

1. j) $f(x) = -0{,}02x^5 + \frac{1}{4}x^4 - 0{,}8x^3$

$f'(x) = -0{,}1x^4 + x^3 - 2{,}4x^2$
$f''(x) = -0{,}4x^3 + 3x^2 - 4{,}8x$
$f'''(x) = -1{,}2x^2 + 6x - 4{,}8$

$x_{01} = 0$
$x_{11} = 0$ Sattelp.
$x_{12} = 4$ Min.
$x_{13} = 6$ Max.
$x_{21} = 0$
$x_{22} = 2{,}31$
$x_{23} = 5{,}19$

Wertetabelle

x	0	2,31	4	5,19	6
f(x)	0	−4,06	−7,68	−5,76	−4,32
f′(x)	0	−3,33	0	2,60	0

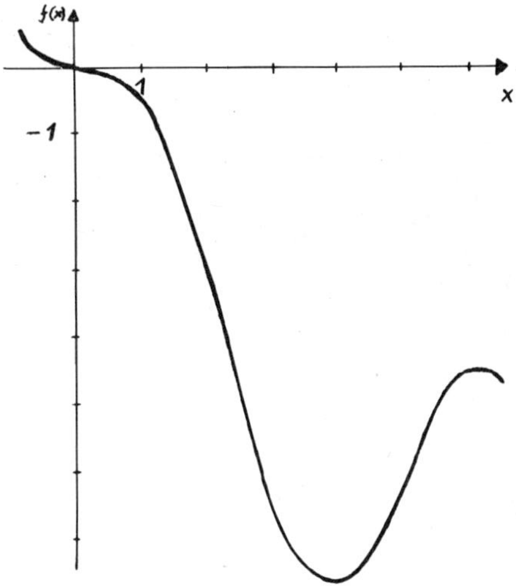

k) $f(x) = \frac{1}{4}x^4 - \frac{3}{4}x^3 + x$

$f'(x) = x^3 - \frac{9}{4}x^2 + 1$

$f''(x) = 3x^2 - \frac{9}{2}x$

$f'''(x) = 6x - 4{,}5$

$x_{01} = -1$
$x_{02} = 0$
$x_{03} = 2$
$x_{11} = -0{,}59$ Min.
$x_{12} = 0{,}84$ Max.
$x_{13} = 2$ Min.
$x_{21} = 0$
$x_{22} = 1{,}5$

Wertetabelle

x	−1	−0,59	0	0,84	1,5	2
f(x)	0	−0,41	0	0,52	0,23	0
f′(x)	−2,25	0	1	0	−0,69	0

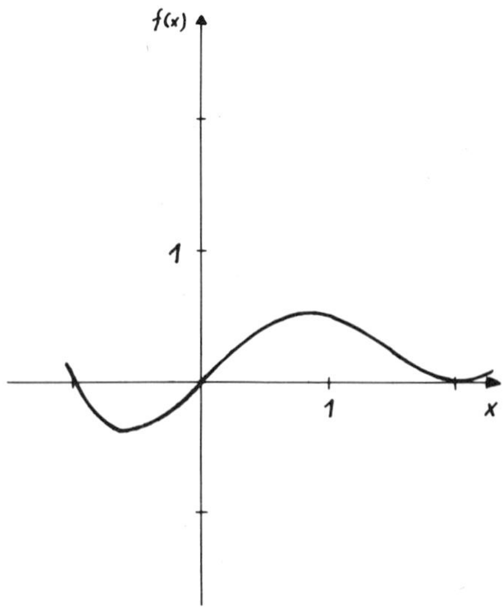

1. l) $f(x) = -\frac{1}{40}x^5 + \frac{1}{4}x^4 - \frac{2}{3}x^3$

$f'(x) = -\frac{1}{8}x^4 + x^3 - 2x^2$

$f''(x) = -\frac{1}{2}x^3 + 3x^2 - 4x$

$f'''(x) = -1{,}5x^2 + 6x - 4$

$x_{01} = 0$

$x_{11} = 0$ Sattelp.

$x_{12} = 4$ Sattelp.

$x_{21} = 0$

$x_{22} = 2$

$x_{23} = 4$

Wertetabelle

x	0	2	4
f(x)	0	−2,133	−4,266
f′(x)	0	−2	0

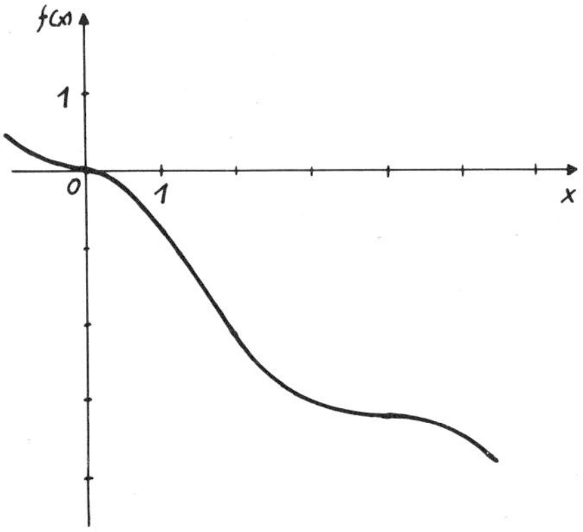

m) $f(x) = -2x^3 + 7{,}5x^2 - 6x$

$f'(x) = -6x^2 + 15x - 6$

$f''(x) = -12x + 15$

$f'''(x) = -12$

$x_{01} = 0$

$x_{02} = 1{,}16$

$x_{03} = 2{,}59$

$x_{11} = 0{,}5$ Min.

$x_{12} = 2$ Max.

$x_{21} = 1{,}25$

Wertetabelle

x	0	0,5	1,16	1,25	2	2,59
f(x)	0	−1,38	0	0,31	2	0
f′(x)	−6	0	3,33	3,38	0	−7,40

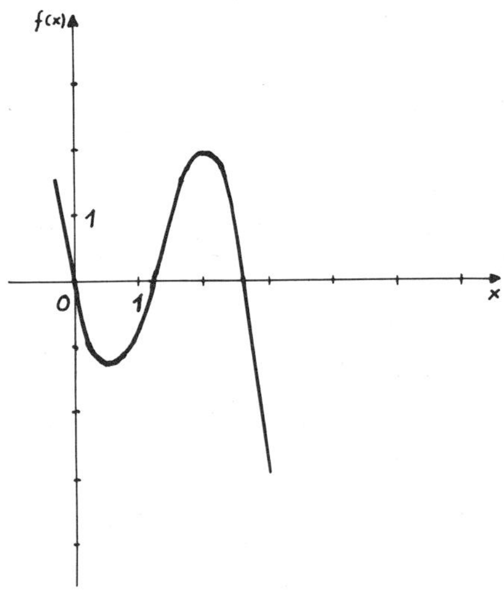

1. n) $f(x) = (x^2-4)(x-3)$

$f'(x) = 3x^2-6x-4$

$f''(x) = 6x-6$

$f'''(x) = 6$

$x_{01} = -2$

$x_{02} = 2$

$x_{03} = 3$

$x_{11} = -0{,}53$ Max.

$x_{12} = 2{,}53$ Min.

$x_{21} = 1$

Wertetabelle

x	−2	−0,53	1	2	2,53	3
f(x)	0	13,13	6	0	−1,13	0
f′(x)	20	0	−7	−4	0	5

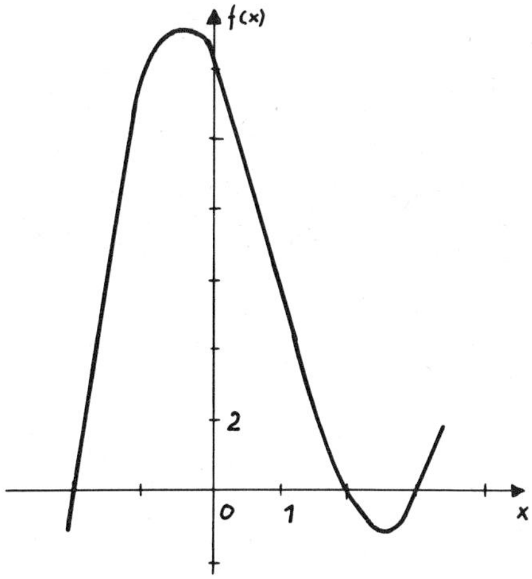

o) $f(x) = x^3+3x^2+2x+6$

$f'(x) = 3x^2+6x+2$

$f''(x) = 6x+6$

$f'''(x) = 6$

$x_{01} = -3$

$x_{11} = -1{,}58$ Max.

$x_{12} = -0{,}42$ Min.

$x_{21} = -1$

Wertetabelle

x	−3	−1,58	−1	−0,42
f(x)	0	6,38	6	5,62
f′(x)	11	0	−1	0

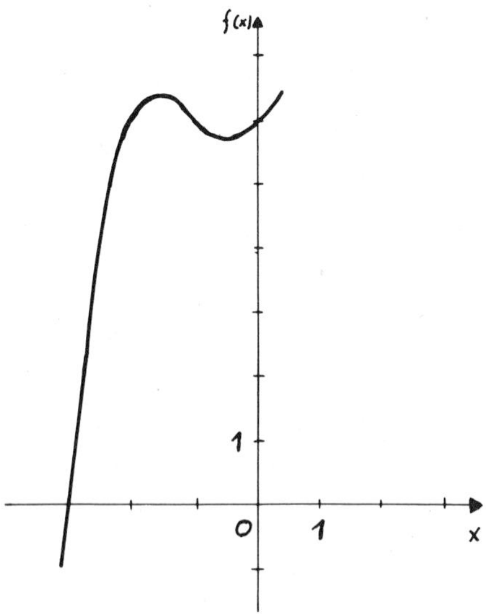

1. p) $f(x) \;\; = 0{,}24x^4 - 0{,}16x^3$
$f'(x) \;\; = 0{,}96x^3 - 0{,}48x^2$
$f''(x) \; = 2{,}88x^2 - 0{,}96x$
$f'''(x) = 5{,}76x - 0{,}96$

$x_{01} = 0$
$x_{02} = 0{,}67$
$x_{11} = 0$ Sattelp.
$x_{12} = 0{,}5$ Min.
$x_{21} = 0$
$x_{22} = 0{,}333$

Wertetabelle

x	0	0,333	0,5	0,667
f(x)	0	−0,003	−0,005	0
f′(x)	0	−0,018	0	0,07

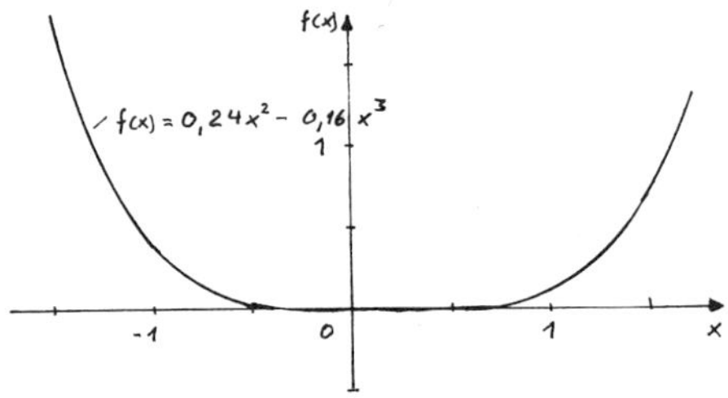

q) $f(x) \;\; = -0{,}005x^5 + 0{,}15x^3 - 2{,}025x$
$f'(x) \;\; = -0{,}025x^4 + 0{,}45x^2 - 2{,}025$
$f''(x) \; = -0{,}1x^3 + 0{,}9x$
$f'''(x) = -0{,}3x^2 + 0{,}9$

$x_{01} = 0$
$x_{11} = -3$ Sattelp.
$x_{12} = 3$ Sattelp.
$x_{21} = -3$
$x_{22} = 0$
$x_{23} = 3$

Wertetabelle

x	−3	0	3
f(x)	3,24	0	−3,24
f′(x)	0	−2,02	0

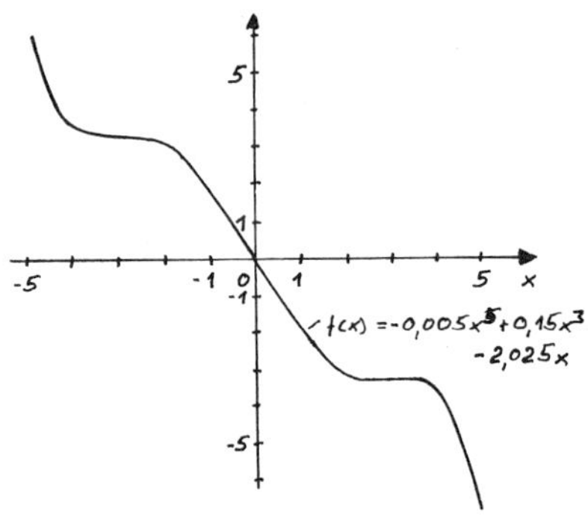

2. a) Es müssen $f''(x) < 0$ für ein Maximum oder $f''(x) > 0$ für ein Minimum sein.

b)

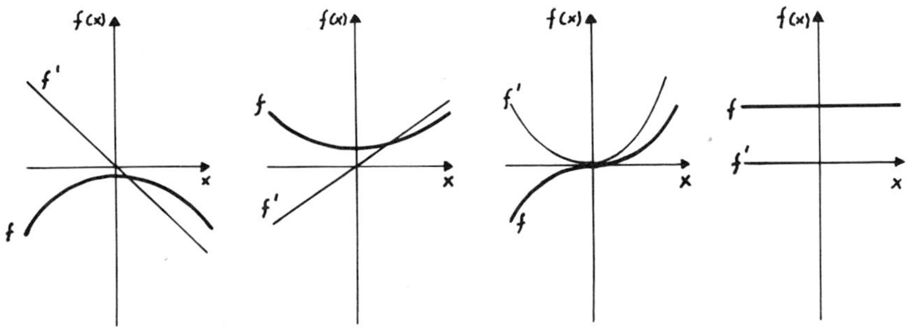

3. Eine erfüllte notwendige Bedingung an der Stelle x ist die Voraussetzung für das Vorliegen einer bestimmten Eigenschaft. Die erfüllte notwendige Bedingung läßt jedoch auch noch andere Eigenschaften zu.
Eine erfüllte hinreichende Bedingung läßt jedoch nur noch eine Eigenschaft (z. B. Maximum, Wendepunkt usw.) zu.

4. Wertetabelle

x	−4	−3	−2	−1	0	1	2	3	4
f(x)	296	3	−56	−37	−24	−29	8	219	808

1. Nullstelle (zwischen −3 und −2) 2. Nullstelle (zwischen 1 und 2)

5. a) Im Intervall $]-\infty; 0[$ liegt eine Rechtskrümmung und im Intervall $]0; \infty[$ eine Linkskrümmung vor.
b) Die Funktion ist über den ganzen Definitionsbereich linksgekrümmt.

6. $x^3 - \frac{1}{4}x^4 = x^2 - 4x \Rightarrow x_{S_1} = 0 \Rightarrow S_1(0 \mid 0)$
$\Rightarrow x_{S_2} = 4 \Rightarrow S_2(4 \mid 0)$

Tangenten an $f_1: f_1'(x) = 3x^2 - x^3$ $f_1'(0) = 0$, dann ist $y_{T_1} = 0$
$f_1'(4) = -16$, dann ist $y_{T_2} = -16x + 64$
Tangenten an $f_2: f_2'(x) = 2x - 4$ $f_2'(0) = -4$, dann ist $y_{T_3} = -4x$
$f_2'(4) = 4$, dann ist $y_{T_4} = 4x - 16$.

7. Über den Verlauf des Graphen kann man folgende Angaben machen:
$f(2) = -1 \Rightarrow$ Der Graph geht durch (2; −1).
$f'(2) = 0{,}5 \Rightarrow$ Die Steigung der Tangente im Punkt (2; −1) beträgt $m_T = 0{,}5$.
$f''(2) = 0 \Rightarrow$ (2; −1) ist ein Wendepunkt.
$f'''(2) = -2 \Rightarrow$ Im Wendepunkt (2; −1) geht der Graph der Funktion f von einer Linkskrümmung in eine Rechtskrümmung über.

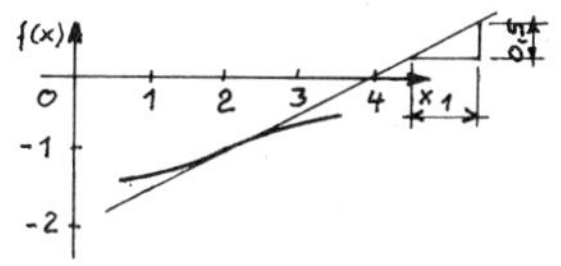

8. Es gilt $\lim\limits_{x_N \to x_0} f(x_N) = 0$

9. $a_1 = 2;\ a_2 = 1;\ a_3 = -1;\ a_4 = -5;\ a_5 = -13;\ a_6 = -29$

10. $a_1 = a_1$ und $a_n = a_{n-1} \cdot q$

11. a) $f(x) = \frac{x^2 - 1}{x - 3}$ $D = \mathbb{R} \setminus \{3\}$

$x_P = 3$

$f'(x) = \frac{x^2 - 6x + 1}{(x-3)^2}$ $y_A = x + 3$

$f(0) = 0{,}333$

$f''(x) = \frac{16}{(x-3)^3}$ $x_{01} = -1$

$x_{02} = 1$

$f'''(x) = \frac{-48}{(x-4)^4}$ $x_{11} = 0{,}17$ Max.

$x_{12} = 5{,}83$ Min.

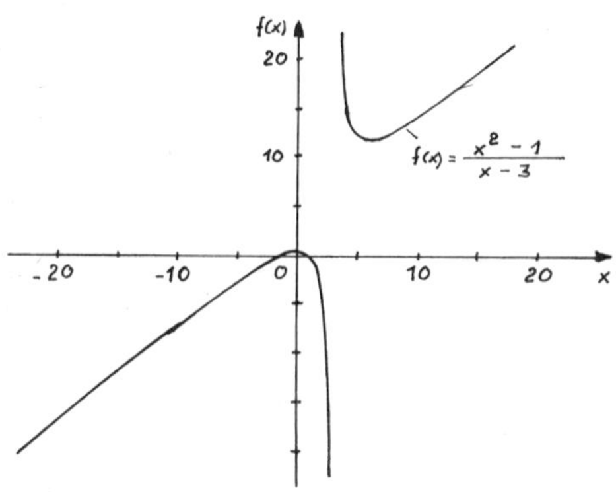

11. b) $f(x) = \frac{x^3-1}{x}$

$f'(x) = \frac{2\cdot x^3+1}{x^2}$

$f''(x) = \frac{2x^3-2}{x^3}$

$f'''(x) = \frac{6}{x^4}$

$D = \mathbb{R}^*$
$x_P = 0$
$y_A = x^2$
$x_{01} = 1$
$x_{11} = -0{,}79$ Min.
$x_{21} = 1$

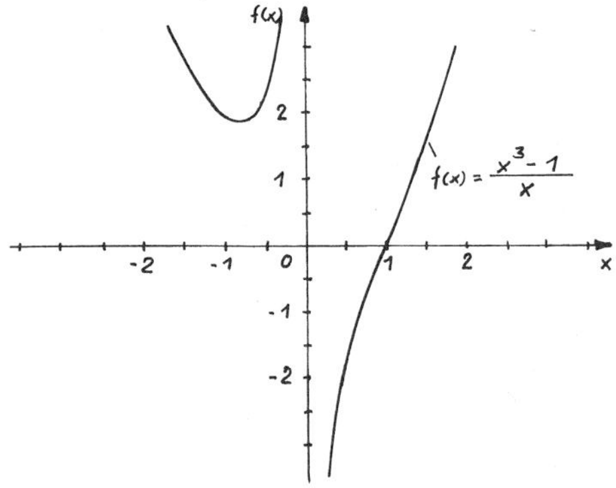

c) $f(x) = \frac{x^2-3x+2}{x^3-x^2}$

$f'(x) = \frac{-x+4}{x^3}$

$f''(x) = \frac{2x-12}{x^4}$

$f'''(x) = \frac{-6x+48}{x^5}$

$D = \mathbb{R}\setminus\{0;\ 1\}$
$x_P = 0$
$x_L = 1$
$y_A = 0$
$x_{01} = 2$
$x_{11} = 4$ Max.
$x_{21} = 6$

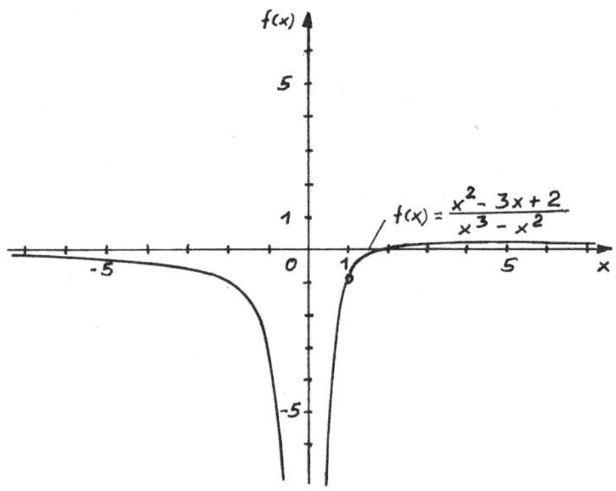

d) $f(x) = \frac{x^2+3x}{x^3+3x^2-10x}$

$f'(x) = \frac{-x^2-6x-19}{(x^2+3x-10)^2}$

$f''(x) = \frac{2x^3+18x^2+144x+174}{(x^2+3x-10)^3}$

$f'''(x) = \frac{-6x^4-72x^3-684x^2-2088x-2706}{(x^2+3x-10)^4}$

$D = \mathbb{R}\setminus\{-5;\ 0;\ 2\}$
$x_L = 0$
$x_{P_1} = -5$
$x_{P_2} = 2$
$y_A = 0$
$x_{01} = -3$
$x_{21} = -2{,}03$

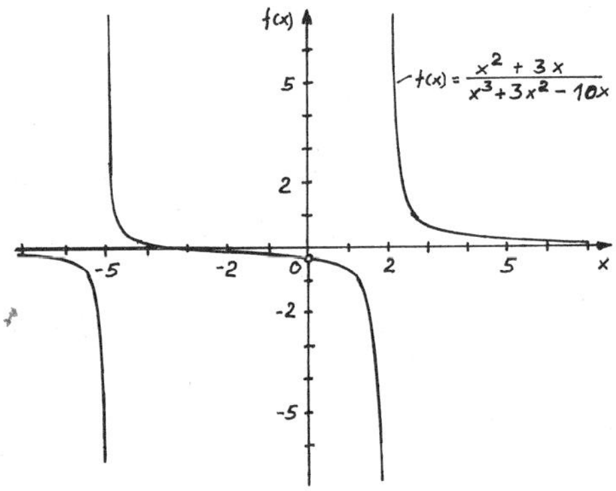

5.3 Bestimmung ganzrationaler Funktionen aus vorgegebenen Eigenschaften

S. 175, 176

1. Die Funktionsgleichung lautet $f(x)=2x^3-3x+4$.
2. Die gesuchte Funktionsgleichung ist $f(x)=3x^5-10x^3+15x$.
3. Die Funktionsgleichung ist $f(x)=4x^4-8x^2+2$.
4. Die Funktionsgleichung lautet $f(x)=-1{,}171875x^3-7x^2-9{,}1875x+0{,}25$.
5. Die Funktionsgleichung lautet $f(x)=-1\frac{1}{16}x^3+5\frac{13}{16}x^2-8\frac{7}{16}x+3\frac{11}{16}$.
6. Die Lösungen lauten
   a) $f(x)=0{,}05x^3+0{,}3x^2-0{,}75x+0{,}5$
   b) $(-5 \mid 5{,}5)$
   c) $y=-1{,}35x+0{,}1$
   d) Wertetabelle

x	−6	−5	−2	0	1	2
f(x)	5	5,5	2,8	0,5	0,1	0,6

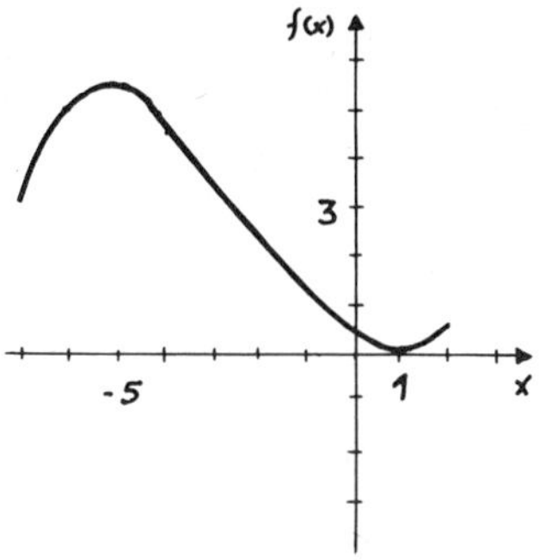

7. Die Funktionsgleichung ist $f(x)=0{,}25x^3-1{,}5x^2+2{,}25x$.
8. Die gesuchte Funktionsgleichung lautet $f(x)=x^3-3x^2+2x$. Es ist
   $f'(x)=3x^2-6x+2$
   $f''(x)=6x-6$
   $f'''(x)=6$
   $P_1(3 \mid 6)$
   $x_{01}=0$
   $x_{02}=1$
   $x_{03}=2$
   $x_{11}=0{,}423$
   $x_{12}=1{,}577$
   $x_{21}=1$

Wertetabelle

x	f(x)	f′(x)	Bem.
−∞	−∞	∞	Rand
0	0	2	Nullst.
0,423	0,385	0	Max
1	0	−1	WP
1,577	−0,385	0	Min
2	0	2	Nullst.
∞	∞	∞	Rand

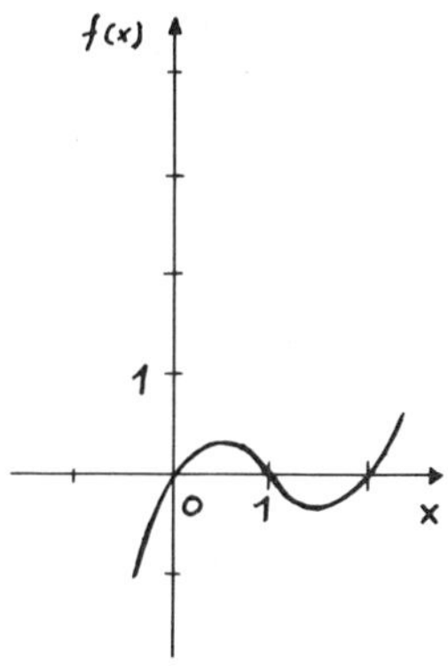

9. Die Funktionsgleichung lautet $f(x)=-\frac{8}{9}x^4+8x^2$.
10. Die Koordinaten von P_1 sind $(2 \mid 0)$. Die Funktionsgleichung lautet
    $f(x)=x^3-6x^2+9x-2$.
    Der Ansatz zur Berechnung des Schnittpunktes lautet
    $x^3-6x^2+9x-2=2x+4$.
    Daraus folgt, daß der Schnittpunkt $(4{,}8026 \mid 13{,}6052)$ ist.
11. Die Wendepunkte sind $P_1(1 \mid 28)$ und $P_2(3 \mid 44)$. Die Funktionsgleichung der 1. Tangente lautet $f(x)=16x+12$ und der 2. $f(x)=44$.
12. a) Die Funktionsgleichung lautet $f(x)=0{,}25x^4-0{,}75x^3+x$.
    b) Die Tangente ist die x-Achse, ihre Gleichung lautet $f(x)=0$.

13. a) Die Funktion besitzt ein Maximum und ein Minimum, wenn die Bedingung $\frac{1}{9}a_2^2 - \frac{1}{3}a_1 > 0$ erfüllt ist.

b) Es muß die Bedingung $\frac{1}{9}a_2^2 - \frac{1}{3}a_1 = 0$ erfüllt sein.

c) Sie besitzt keinen Extremwert, wenn $\frac{1}{9}a_2^2 - \frac{1}{3}a_1 \leqslant 0$ ist.

14. Die Funktionsgleichung lautet $f(x) = \frac{1}{4}x^5 + \frac{5}{4}x^4 + \frac{5}{3}x^3$.

15. Die Funktionsgleichung ist $f(x) = \frac{1}{32}x^4 - \frac{5}{8}x^2 + 2$.

16. Die gesuchte Funktionsgleichung ist $f(x) = -\frac{3}{32}x^4 + \frac{1}{2}x^3$.

17. Die Funktionsgleichung lautet $f(x) = -\frac{1}{80}x^5 + \frac{1}{6}x^3$.

Prüfen Sie Ihr Wissen zu Kapitel 5 S. 177

1. Die Funktionsgleichung lautet $f(x) = \frac{1}{4}x^5 + \frac{5}{4}x^4 + \frac{5}{3}x^3$.

2. H.B.: $A = h \cdot b$; N.B.: $6:4 = (6 - 0{,}5\,b):h \Leftrightarrow h = 4 - \frac{1}{3}b$

$b = x \Rightarrow A = f(x) = 4x - \frac{1}{3}x^2$; $x \in]0;\ 12[$.

Bei einer Breite b = 6 m und einer Höhe h = 2 m ist der Materialaufwand am geringsten.

3. a) $f(x) = x^3 - 3x^2 + 4$

$f'(x) = 3x^2 - 6x$

$f''(x) = 6x - 6$

$f'''(x) = 6$

$x_{01} = -1$

$x_{02} = 2$

$x_{11} = 0$ Max.

$x_{12} = 2$ Min.

$x_{21} = 1$

Wertetabelle

x	$-\infty$	-1	0	1	2	∞
f(x)	$-\infty$	0	4	2	0	∞
f′(x)	∞	9	0	-3	0	∞

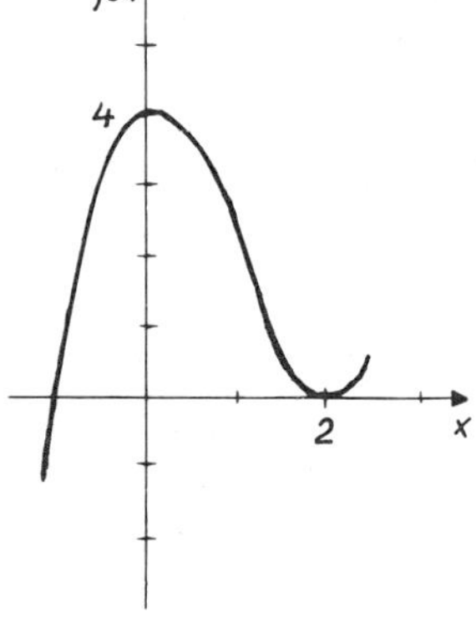

3. b) $f(x) = x^4 - 3x^3$ $\quad x_{01} = 0$
$f'(x) = 4x^3 - 9x^2$ $\quad x_{02} = 3$
$f''(x) = 12x^2 - 18x$ $\quad x_{11} = 0$
$f'''(x) = 24x - 18$ $\quad x_{12} = 2{,}25$ Min.
$x_{21} = 0$ (Sattelpunkt)
$x_{22} = 1{,}5$

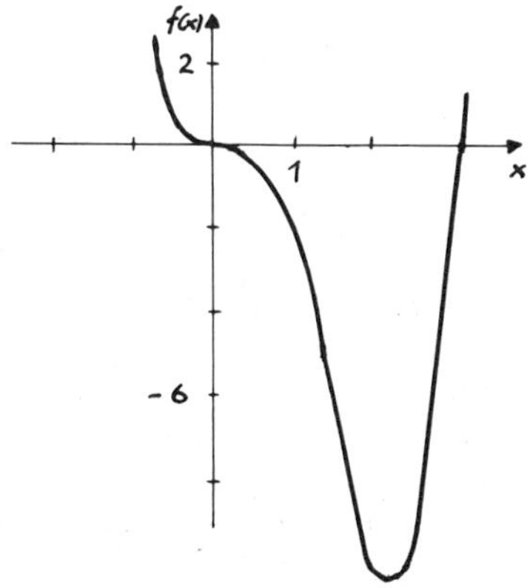

Wertetabelle

x	$-\infty$	0	1,5	2,25	3	∞
f(x)	∞	0	$-5{,}06$	$-8{,}54$	0	∞
f'(x)	$-\infty$	0	$-6{,}75$	0	27	∞

c) $f(x) = x^5 - 5x^3$ $\quad x_{01} = -\sqrt{5}$ $\quad x_{21} = 0$ Sattelp.
$f'(x) = 5x^4 - 15x^2$ $\quad x_{02} = 0$ $\quad x_{22} = \sqrt{1{,}5}$
$f''(x) = 20x^3 - 30x$ $\quad x_{03} = \sqrt{5}$ $\quad x_{23} = -\sqrt{1{,}5}$
$f'''(x) = 60x^2 - 30$ $\quad x_{11} = -\sqrt{3}$ Max.
$x_{12} = 0$ SP
$x_{13} = \sqrt{3}$ Min.

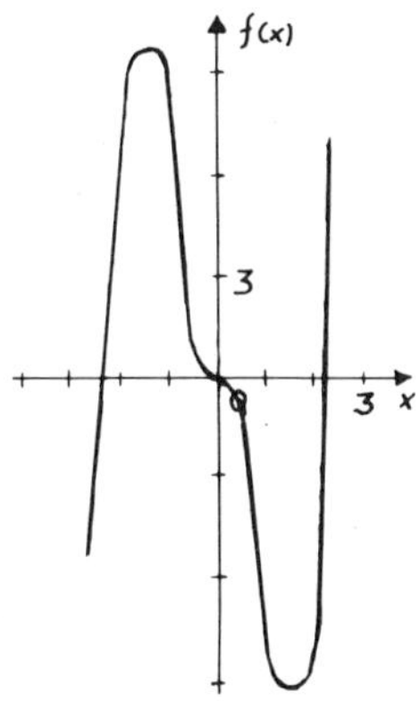

Wertetabelle

x	$-\infty$	$-\sqrt{5}$	$-\sqrt{3}$	0	$\sqrt{1{,}5}$	$-\sqrt{1{,}5}$	$\sqrt{3}$	$\sqrt{5}$	∞
f(x)	$-\infty$	0	10,4	0	$-6{,}4$	6,4	$-10{,}4$	0	∞
f'(x)	∞	50	0	0	$-11{,}25$	$-11{,}25$	0	50	∞

4. H.B.: $A = a \cdot b$ N.B.: $2a + b = 400 \Leftrightarrow b = 400 - 2a$
$a = x \Rightarrow A = f(x) = 400x - 2x^2$; $x \in]0; 200[$
Die Abmessungen müssen $a = 100$ m und $b = 200$ m betragen.

5. H.B.: $A = l \cdot b$ N.B.: $20:40 = (b - 30):(100 - l) \Leftrightarrow b = 80 - 0{,}51$
$l = x \Rightarrow A = f(x) = 80x - 0{,}5x^2$; $x \in [60; 100]$
Wird die Länge $l = 80$ cm und die Breite $b = 40$ cm gewählt, dann ist die maximale Fläche $A = 3200\ \text{cm}^2$.

6. Die notwendige Bedingung ist $f'(x_0) = 0$. Diese Bedingung muß erfüllt sein, sonst kann kein Maximum vorliegen. Liegt die Bedingung jedoch nur alleine vor, dann kann an der Stelle x_0 aber auch ein Minimum bzw. Sattelpunkt vorliegen oder der Graph der Funktion kann eine Parallele zur f(x)-Achse sein.
Die hinreichende Bedingung ist $f'(x_0) = 0 \wedge f''(x_0) < 0$. Werden diese beiden Bedingungen von einer Funktion erfüllt, so kann sie nur ein Maximum an der Stelle x_0 haben.

7. Die Funktionsgleichung lautet $f(x) = 3x^5 - 10x^3 + 7x$.

8. Legt man den Abstoßpunkt auf die f(x)-Achse (0; 1,8), dann ist der Aufprallpunkt der Kugel (12; 0). Weiterhin ist bekannt, daß der Abstoß unter 45° erfolgt, was bedeutet, daß $f'(0) = 1$ (denn $\tan 45° = 1$). Aus diesen Angaben ergibt sich die quadratische Funktionsgleichung:

8. $f(x) = -\frac{23}{240}x^2 + x + 1{,}8$.

Für die Berechnung des Aufprallwinkels der Kugel gilt:

$\tan\alpha = f'(12) = -2 \cdot \frac{23}{240} \cdot 12 + 1 = -1{,}3 \Rightarrow \alpha = \arctan -1{,}3 \Rightarrow \alpha = -52{,}4°$.

9. gewählte Bezeichnungen: 1. Zahl a; 2. Zahl b; Minimum d.
H.B.: $d = a^2 + 2b$ N.B.: $a + b = 14 \Leftrightarrow b = 14 - a$
$a = x \Rightarrow d = f(x) = x^2 - 2x + 28;\ x \in [0;\ 14]$
Die beiden Summanden heißen $a = 1$ und $b = 13$.

10. Vorüberlegungen entsprechen denen von Aufgabe Nr. 7 (Kapitel 5.1)
Gewinn je kg: $8{,}80 - a$; verkaufte Menge: $(2000 + b)$ kg
H.B.: $G = (2000 + b)(8{,}80 - a)$; N.B.: 0,6 (DM): 200 (Stück) $= a : b \Leftrightarrow b = 200a : 0{,}6$
$a = x \Rightarrow G = f(x) = \left(2000 + \frac{200x}{0{,}6}\right) \cdot (8{,}80 - x);\ x \in [0;\ 8{,}8]$
Bei einem Verkaufspreis von 23,60 je kg werden 2466,6 kg verkauft und ein maximaler Gewinn von 18253,33 DM erzielt.

11.

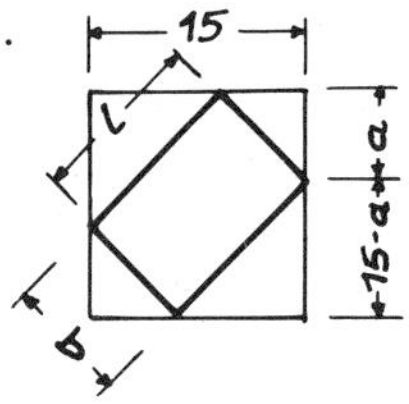

H.B.: $A = l \cdot b$ N.B.: $l = \sqrt{(15-a)^2 \cdot 2}$; $b = \sqrt{2a^2}$
$\Rightarrow A = \sqrt{2} \cdot (15 - a) \cdot \sqrt{2} \cdot a$
$a = x \Rightarrow A = f(x) = 2 \cdot (15 - x) \cdot x;\ x \in]0;\ 15[$
Das Beet wird ein Quadrat mit der Seitenlänge
$l = b = 7{,}5 \cdot \sqrt{2}$ m $\cong 10{,}61$ m.

12. $f(x) = x^3 - 0{,}25x^4$
$f'(x) = 3x^2 - x^3$
$f''(x) = 6x - 3x^2$
$f'''(x) = 6 - 6x$

Wertetabelle

x	$-\infty$	0	2	3	4	∞
f(x)	$-\infty$	0	4	6,75	0	$-\infty$
f'(x)	∞	0	4	0	-16	∞

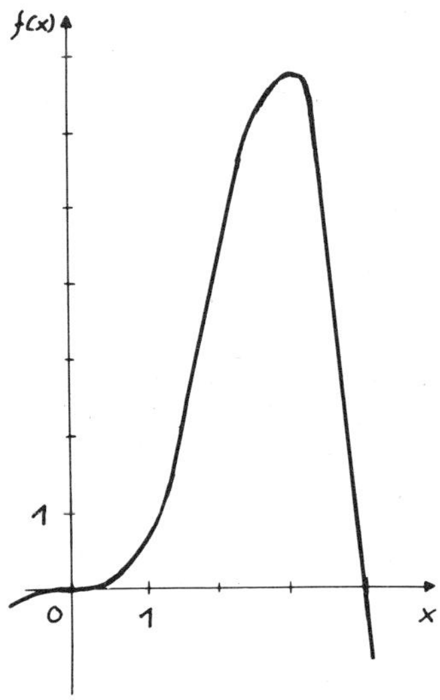

a)
$x_{01} = 0$ $x_{11} = 0$ SP $x_{21} = 0$
$x_{02} = 4$ $x_{12} = 3$ Max $x_{22} = 2$

b) $WP_1(0 \mid 0)$: $y_{T_1} = 0$: $WP_2(2 \mid 4)$: $y_{T_2} = 4x - 4$
c) Sekante durch WP_1 und WP_2: $f(x) = 2x$
gleichgesetzt mit f(x) führt zu den Schnittpunkten
WP_1; WP_2; $(-1{,}24 \mid -2{,}47)$; $(3{,}24 \mid 6{,}47)$.

6 Integralrechnung

6.1 Flächenberechnung mit Unter- und Obersumme

S. 194

1. Setzen Sie im Beispiel auf S. 179 $b=4$. Dann bleibt die gesamte Rechnung gültig und ergibt $A = \int_0^4 f(x)\,dx = 4^3 : 3 = \frac{64}{3}$ FE.

2. Zerlegt man (entsprechend dem Beispiel auf S. 179) das Intervall [0; 1] in n Rechteckstreifen der Breite $\Delta x = \frac{1}{n}$ und setzt für die Randpunkte der Rechteckstreifen $x_i = i \cdot \frac{1}{n}$; $i \in \mathbb{N}$, dann ergibt sich die Untersumme mit

$$U_n = \frac{1}{n} \cdot \left[\left(0 \cdot \frac{1}{n}\right)^2 + \left(1 \cdot \frac{1}{n}\right)^2 + \left(2 \cdot \frac{1}{n}\right)^2 + \ldots + \left((n-1) \cdot \frac{1}{n}\right)^2\right]$$

$$= \frac{1}{n^3} \cdot [0^2 + 1^2 + 2^2 + \ldots + (n-1)^2]$$

$$= \frac{1}{n^3} \cdot \left[\frac{n}{6} \cdot (n-1) \cdot (2n-1)\right]$$

$$= \frac{(n-1)(2n-1)}{6n^2} = \frac{2n^2 - 3n + 1}{6n^2}$$

Entsprechend gilt für die Obersumme

$$O_n = \frac{1}{n} \cdot \left[\left(1 \cdot \frac{1}{n}\right)^2 + \left(2 \cdot \frac{1}{n}\right)^2 + \left(3 \cdot \frac{1}{n}\right)^2 + \ldots + \left(n \cdot \frac{1}{n}\right)^2\right]$$

$$= \frac{1}{n^3} \cdot \frac{n}{6} \cdot (n+1) \cdot (2n+1) \quad \text{(vgl. Aufgabe 4f S. 113)}$$

$$= \frac{2n^2 + 3n + 1}{6n^2}$$

Nach den Grenzwertsätzen sind dann

$$\lim_{n \to \infty} U_n = \lim_{n \to \infty} \frac{2n^2 - 3n + 1}{6n^2} = \frac{2}{6} = \frac{1}{3}$$

$$\lim_{n \to \infty} O_n = \lim_{n \to \infty} \frac{2n^2 + 3n + 1}{6n^2} = \frac{2}{6} = \frac{1}{3}$$

6.2 Flächenproblem und Stammfunktion

S. 194

1. a) $F(x) = \frac{1}{5}x^5 - 3x^2 + 8x + c$

   d) $F(x) = 0{,}5x^2 + c$

   b) $F(x) = x + c$

   e) $F(x) = 0{,}5x^2 - x + c$

   c) $F(x) = -17{,}5x^2 + 3x + c$

   f) $F(x) = 0{,}5ax^2 + c$

1. g) $F(x) = \frac{c}{54}x^9 + \frac{b}{4}x^4 + c$

   h) $F(x) = c$

   i) $F(x) = \frac{4}{6}x^6 - \frac{3}{4}x^4 + x^2 - x + c$

   j) $F(x) = 0{,}5\,r\,x^2 - s\,x + c$

2. a) $F(x) = \frac{3}{4}x^4 + \frac{5}{2}x^2 - x + c$

   b) $F(x) = x^2 + x + c$

   c) $F(x) = \frac{1}{2}x^2 - x + c$

   d) $F(x) = \frac{a}{2}x^2 - \frac{b}{2}x^2 + cx + c$

   e) $F(x) = \frac{1}{10}x^2 - x^2 + c$

   f) $F(x) = x - 2x^2 + \frac{2}{5}x^5 + c$

3. a)

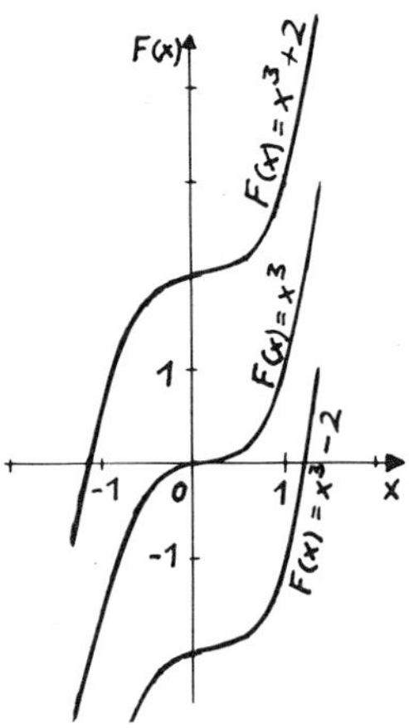

b) Die Funktionsgraphen aller Stammfunktionen mit $F(x) = x^3 + c$ verlaufen parallel zueinander. Die Konstante c gibt die unterschiedliche Verschiebung in Richtung der f(x)-Achse an.

Es seien die Funktionen $F_1(x) = x^3 + c_1$ und $F_2(x) = x^3 + c_2$, dann unterscheiden sich ihre Funktionswerte an der Stelle x_0 um den Betrag $c_1 - c_2$. Es ist nämlich

$$F_1(x_0) - F_2(x_0) = x_0^3 + c_1 - (x_0^3 + c_2)$$
$$= c_1 - c_2;$$
$$c_1;\ c_2 \in \mathbb{R}$$

6.3 Flächenberechnung mit Hilfe der Integralrechnung

S. 194

1. a) $\int_2^5 (2x^2 + 3x + 2)\,dx = 115{,}5$ FE

   b) $\int_2^4 (x^3 - x - 2)\,dx = 50$ FE

   c) $\left|\int_{-3}^{3} \left(-\frac{1}{4}x^2 - 2\right) dx\right| = \left|-16{,}5\right| = 16{,}5$ FE

   d) $\int_3^6 \left(\frac{1}{3}x^3 - x^2\right) dx = 38{,}25$ Fe

   e) $\int_1^5 4x^3\,dx = 624$ FE

   f) $\int_1^8 4\,dx = 28$ FE

2. a) $x_{01} = -3;\ x_{02} = 1;\ \left|\int_{-3}^{1} (3\cdot x^2 + 6x - 9)\cdot dx\right| = \left|-32\right| = 32$ FE

   b) $x_{01} = -2;\ x_{02} = 0;\ \int_{-2}^{0} (4\cdot x^3 + 8\cdot x^2)\cdot dx = 5{,}33$ FE

   c) $x_{01} = -2;\ x_{02} = 1;\ \int_{-2}^{1} 4\cdot(x-1)\cdot(x+2)\cdot(x^2+1)\cdot dx = 30{,}60$ FE

   d) $x_{01} = -1{,}137;\ x_{02} = 2{,}637;$

   $\left|\int_{-1{,}137}^{2{,}637} (-6\cdot x^2 + 9\cdot x + 18)\cdot dx\right| = \left|-53{,}79\right| = 53{,}79$ FE

2. e) $x_{01} = -\sqrt{2}$; $x_{02} = \sqrt{2}$; $x_{03} = 4$;

$$\left|\int_{-\sqrt{2}}^{\sqrt{2}} (x^3 - 4x^2 - 2x + 8)\,dx\right| + \left|\int_{\sqrt{2}}^{4} (x^3 - 4x^2 - 2x + 8)\,dx\right| = 15{,}085 + 11{,}876 = 26{,}961 \text{ FE}$$

3. a) $x_{01} = 0$; $x_{02} = 2$;

$$A = \left|\int_{-1}^{0} (x^4 - 6x^3 + 12x^2 - 8x)\,dx\right| + \left|\int_{0}^{2} (x^4 - 6x^3 + 12x^2 - 8x)\,dx\right|$$

$$+ \left|\int_{2}^{3} (x^4 - 6x^3 + 12x^2 - 8x)\,dx\right|$$

$A = 9{,}7 + 1{,}6 + 0{,}7 = 12$ FE

b) $x_{01} = -2$; $x_{02} = 0$; $x_{03} = 2$

$$A = \left|\int_{-3}^{-2} (x^4 - 4x^2)\,dx\right| + \left|\int_{-2}^{0} (x^4 - 4x^2)\,dx\right| + \left|\int_{0}^{2} (x^4 - 4x^2)\,dx\right| + \left|\int_{2}^{3} (x^4 - 4x^2)\,dx\right|$$

$A = 16{,}866 + 4{,}27 + 4{,}27 + 16{,}866 = 42{,}272$ FE

c) $x_{01} = 4$

$$A = \left|\int_{1}^{4} (x^3 - 12x^2 + 48x - 64)\,dx\right| + \left|\int_{4}^{7} (x^3 - 12x^2 + 48x - 64)\,dx\right|$$

$= 20{,}25 + 20{,}25 = 40{,}5$ FE

d) $x_{01} = -1$; $x_{02} = 0$; $x_{03} = 1$

$$A = \left|\int_{-1}^{0} (x^3 - x)\,dx\right| + \left|\int_{0}^{1} (x^3 - x)\,dx\right| = 0{,}25 + 0{,}25 = 0{,}5 \text{ FE}$$

e) $x_{01} = -1$; $x_{02} = 2$

$$A = \left|\int_{-2}^{-1} (x^3 - 3x^2 + 4)\,dx\right| + \left|\int_{-1}^{2} (x^3 - 3x^2 + 4)\,dx\right| + \left|\int_{2}^{3} (x^3 - 3x^2 + 4)\,dx\right|$$

$= 6{,}75 + 6{,}75 + 1{,}25 = 14{,}75$ FE

f) $x_{01} = -1$; $x_{02} = 0$; $x_{03} = 3$

$$A = \left|\int_{-2}^{-1} (x^3 - 2x^2 - 3x)\,dx\right| + \left|\int_{-1}^{0} (x^3 - 2x^2 - 3x)\,dx\right| + \left|\int_{0}^{2} (x^3 - 2x^2 - 3x)\,dx\right|$$

$$= \frac{47}{12} + \frac{7}{12} + \frac{88}{12} = 11{,}833 \text{ FE}$$

4. a) $f(x) - g(x) = -2x^2 + 2x + 16$; $x_{01} = -2{,}372$; $x_{02} = 3{,}372$

$$A = \int_{-2{,}372}^{3{,}372} (-2x^2 + 2x + 16)\,dx = 63{,}191 \text{ FE}$$

b) $f(x) - g(x) = x^3 - 3x^2 + 1$; $x_{01} = -0{,}532$; $x_{02} = 0{,}653$; $x_{03} = 2{,}88$

$$A = \left|\int_{-0{,}532}^{0{,}653} (x^3 - 3x^2 + 1)\,dx\right| + \left|\int_{0{,}653}^{2{,}88} (x^3 - 3x^2 + 1)\,dx\right| = 0{,}78 + 4{,}221 = 5{,}001 \text{ FE}$$

c) $f(x) - g(x) = -3x^2 + x - 10$; Setzt man die erhaltene Funktionsgleichung gleich 0, so erhält man keine Lösung in $\mathbb{R}$. Es gibt also keine Fläche, die von den Funktionen f und g eingeschlossen wird.

d) $f(x) - g(x) = 4x^4 + 4x^2 - 4$; $x_{01} = -0{,}786$; $x_{02} = 0{,}786$

$$A = \left|\int_{-0{,}786}^{0{,}786} (4x^4 + 4x^2 - 4)\,dx\right| = \left|-4{,}514\right| = 4{,}514 \text{ FE}$$

5. a) $f(x)-g(x)=2x^2-5x-6$; $x_{01}=-0{,}886$; $x_{02}=3{,}386$

$$A=\left|\int_{-5}^{-0{,}886}(2x^2-5x-6)\,dx\right|+\left|\int_{-0{,}886}^{3}(2x^2-5x-6)\,dx\right|=118{,}73+25{,}4$$

$$=144{,}13\text{ FE}$$

b) $f(x)-g(x)=6x^2-15x-1$; $x_{01}=-0{,}06$; $x_{02}=2{,}56$

$$A=\left|\int_{-10}^{-0{,}06}(6x^2-15x-1)\,dx\right|+\left|\int_{-0{,}06}^{2{,}56}(6x^2-15x-1)\,dx\right|$$

$$+\left|\int_{2{,}56}^{10}(6x^2-15x-1)\,dx\right|=2740{,}03+18{,}19+1258{,}16=4016{,}38\text{ FE}$$

c) $f(x)-g(x)=x^4+16x^2-36$; $x_{01}=-1{,}414$; $x_{02}=1{,}414$

$$A=\left|\int_{-8}^{-1{,}41}(x^4+16x^2-36)\,dx\right|+\left|\int_{-1{,}41}^{1{,}41}(x^4+16x^2-36)\,dx\right|$$

$$+\left|\int_{1{,}41}^{16}(x^4+16x^2-36)\,dx\right|=9030{,}964+69{,}388+231\,019{,}227=240\,119{,}579\text{ FE}$$

d) $f(x)-g(x)=2x^2-2$; $x_{01}=-1$; $x_{02}=1$

$$A=\left|\int_{-2}^{-1}(2x^2-2)\,dx\right|+\left|\int_{-1}^{1}(2x^2-2)\,dx\right|+\left|\int_{1}^{2}(2x^2-2)\,dx\right|$$

$$=\left|\frac{8}{3}\right|+\left|-\frac{8}{3}\right|+\left|\frac{8}{3}\right|=8\text{ FE}$$

6.4 Weitere Anwendungen der Integralrechnung

S. 195

1. a) $\left[\frac{1}{2}x^2-3x\right]_2^5=1{,}5$
   b) $\left[\frac{1}{4}x^2\right]_{-3}^0=-2{,}25$
   c) $\left[\frac{1}{3}x^3+4x\right]_{-4}^1=41\frac{2}{3}$
   d) $\left[\frac{1}{2}x^2-4x\right]_{-2}^1=-13{,}5$
   e) $\left[\frac{3}{2}x^2-\frac{1}{4}x^4\right]_{-1}^4=-41{,}25$
   f) $[4x]_2^5=12$
   g) $\left[\frac{3}{6}x^3\right]_3^7=158$
   h) $[x^2]_{-3}^{-1}=-8$

2. a) $k=\sqrt{8}$ b) $k\cong 4{,}541$ c) $k\cong 2{,}338$
   d) $k\cong 6{,}78$ e) $k_1=-\sqrt{6}$ und $k_2=\sqrt{6}$

3. Die (angenäherte) Formel für die Erdanziehungskraft lautet: $f=m\cdot g\cdot\left(1-\frac{2h}{R}\right)$

   darin ist: m = Masse des Körpers, g = Erdbeschleunigung,
   h = Höhe des Körpers von der Erdoberfläche,
   R = Radius der Erde.

   Soll die Masse aus dem Gravitationsfeld heraus, dann muß die Erdanziehungskraft mindestens gleich 0 oder negativ sein, das ist der Fall, wenn gilt:

$$1-\frac{2h}{R}=0\Leftrightarrow h=\frac{R}{2}$$

3. Die geleistete Arbeit ist bis zu dieser Entfernung dann:

$$W = \int_0^{h=\frac{R}{2}} f\,dh = \int_0^h m\cdot g\cdot\left(1-\frac{2h}{R}\right)dh = m\cdot g\int_0^h\left(1-\frac{2h}{R}\right)dh$$

$$= m\cdot g\left[h-\frac{h^2}{R}\right]_0^{\frac{R}{2}} = m\cdot g\cdot\left(\frac{R}{2}-\frac{R}{4}\right) = m\cdot g\cdot\frac{R}{4}$$

Es werden nun die Werte eingesetzt, dann ist:

$$W = 2\text{ kg}\cdot 9{,}81\,\frac{m}{s^2}\cdot 6{,}4\cdot 10^3\text{ km}\cdot\frac{1}{4} = 31{,}392\cdot 10^3\text{ Nkm}$$

4. $W = \int_0^{20} 0{,}20x\,dx = 40\text{ Ncm}$ oder $W = \int_0^{0,2} 20x\,dx = 0{,}4\text{ Nm}$

5. Bestimmung der Nullstellen der Funktion f:

$$-2x^3+ax=0 \Leftrightarrow x(-2x^2+a)=0$$

$$\Rightarrow x_{01}=0;\; x_{02}=\sqrt{\frac{a}{2}};\; x_{03}=-\sqrt{\frac{a}{2}}$$ (liegt nicht im 1. Quadranten)

Somit ergibt sich für die gesuchte Fläche:

$$\int_0^{\sqrt{\frac{a}{2}}}(-2x^3+ax)\,dx = 9 \Leftrightarrow \left[-\frac{2}{4}x^4+\frac{1}{2}ax^2\right]_0^{\sqrt{\frac{a}{2}}} = 9$$

$$\Leftrightarrow -\frac{1}{2}\cdot\frac{a^2}{4}+\frac{1}{2}a\cdot\frac{a}{2} = 9 \Leftrightarrow \frac{1}{8}a^2 = 9 \Leftrightarrow a^2 = 72$$

$\Rightarrow a_1 = -\sqrt{72}$ (liegt nicht im 1. Quadranten); $a_2 = \sqrt{72}$

6. Es ist: $\left[\frac{1}{4}x^4-\frac{7}{3}x^3+\frac{1}{2}a\cdot x^2\right]_0^2 = \frac{16}{3} \Leftrightarrow a = 10$

7. a) Die Geschwindigkeit beim Eintauchen beträgt

$$v(6) = 9{,}81\left[\frac{m}{s^2}\right]\cdot 6\,[s] = 58{,}86\,\frac{m}{s}$$

b) Die zurückgelegte Strecke beträgt dann

$$w = \int_0^6 9{,}81\cdot t\cdot dt \Leftrightarrow w = \left[\frac{1}{2}\cdot 9{,}81\cdot t^2\right]_0^6 \Leftrightarrow w = 176{,}58\text{ m}$$

8. a) $37\left[\frac{m}{s}\right] - 9{,}81\left[\frac{m}{s^2}\right]\cdot t\,[s] = 0 \Leftrightarrow t = 3{,}7717\,[s]$

Da die Steig- und Fallzeit des Steines gleich sind, beträgt seine Verweildauer in der Luft:

$2t = 2\cdot 3{,}7717\,[s] = 7{,}5434\,[s]$

b) Die maximale Entfernung zur Erde ist dabei

$$h = \int_0^{3,7717}(37-9{,}81\cdot t)\cdot dt = [37\cdot t-0{,}5\cdot 9{,}81\cdot t^2]_0^{3,7717} = 69{,}78$$

9. Die zu leistende Arbeit beim Start einer Rakete beträgt

$$W = \int_R^h \left(F_{GE} \cdot \frac{R^2}{x^2}\right) \cdot dx \quad \text{(siehe S. 191).}$$

Da die Gewichtskraft der Rakete nicht nur durch die wachsende Entfernung vom Erdmittelpunkt abnimmt, sondern auch zum Teil durch den Treibstoffverbrauch, muß man die Gewichtskraft in dem obigen Integral entsprechend aufteilen. Es ist

$$\overline{F}_{GE} = 0{,}2\, F_{GE} + 0{,}8\, F_{GE} \cdot \frac{R}{x}.$$

Weil die Rakete in das Weltall geschickt werden soll, ist der Grenzwert für $h \to \infty$ (bzw. $x \to \infty$) zu bestimmen. Es gilt

$$\begin{aligned}
\lim_{h\to\infty} W &= \lim_{h\to\infty} \int_R^h \left(0{,}2\, F_{GE} + 0{,}8\, F_{GE} \cdot \frac{R}{x}\right) \cdot \frac{R^2}{x^2} \cdot dx \\
&= \lim_{h\to\infty} \int_R^h F_{GE} \cdot R^2 (0{,}2x^{-2} + 0{,}8 \cdot R \cdot x^{-3}) dx \\
&= \lim_{h\to\infty} F_{GE} \cdot R^2 \cdot \int_R^h (0{,}2x^{-2} + 0{,}8 \cdot R \cdot x^{-3}) dx \\
&= \lim_{h\to\infty} F_{GE} \cdot R^2 [-0{,}2x^{-1} - 0{,}4 \cdot R \cdot x^{-2}]_R^h \\
&= \lim_{h\to\infty} F_{GE} \cdot R^2 \left(\left(-\frac{0{,}2}{h} - \frac{0{,}4R}{h^2}\right) - \left(-\frac{0{,}1}{R} - \frac{0{,}4R}{R^2}\right)\right) \\
&= \lim_{h\to\infty} F_{GE} \cdot R^2 \left(\left(-\frac{0{,}2}{h} - \frac{0{,}4R}{h^2}\right) + \frac{0{,}5}{R}\right) \\
&= F_{GE} \cdot R^2 \left(-0 - 0 + \frac{0{,}6}{R}\right) \\
&= F_{GE} \cdot 0{,}6 \cdot R = 0{,}6 \cdot F_{GE} \cdot R
\end{aligned}$$

Prüfen Sie Ihr Wissen zu Kapitel 6 S. 195

1. Bei der Differentialrechnung wird die Ableitung f' zu der betreffenden Funktion f gesucht.
   Bei der Integralrechnung wird zu einer Funktion f die Stammfunktion F, d.h. es werden die Funktionen F gesucht, die als 1. Ableitung die Funktion f besitzen.

2. Zur Bestimmung des Schnittpunktes werden g(x) und f(x) gleichgesetzt:
   $x^2 - 4 = 2x^2 + 2x + 6 \Leftrightarrow x^2 + 2x + 10 = 0 \Rightarrow x_{1/2} = -1 \pm \sqrt{-9} \Rightarrow$
   Es gibt keine von f(x); g(x) und f(x)-Achse eingeschlossene Fläche.

3. $A = \left|\int_{-2}^{\sqrt[3]{-2}} (x^3 + 2) dx\right| + \left|\int_{\sqrt[3]{-2}}^{3} (x^2 + 2) dx\right| = 1{,}89 + 28{,}14 = 30{,}03$ FE; $x_0 = \sqrt[3]{-2}$

4. $f(x) - g(x) = -x^4 - x^3 + 4x^2$; $x_{01} = -2{,}56$; $x_{02} = 0$; $x_{03} = 1{,}56$

   $$A = \left|\int_{-2}^{0} (-x^4 - x^3 + 4x^2) dx\right| + \left|\int_{0}^{1{,}56} (-x^4 - x^3 + 4x^2) dx\right| + \left|\int_{1{,}56}^{5} (-x^4 - x^3 + 4x^2) dx\right|$$
   $$= 8{,}27 + 1{,}73 + 616{,}32 = 626{,}32 \text{ FE}$$

5. $W = \int_{0,2}^{0,6} 25\,x\,dx = 4{,}0\ \text{Nm}$

6. Die Parabel 3. Ordnung lautet $f(x) = \frac{1}{8}x^3 - \frac{3}{2}x$

$a = \frac{1}{2} \Rightarrow f(x) = \frac{1}{2}x^2$

Die beiden Zuordnungsterme subtrahiert ergibt: $g(x) = \frac{1}{8}x^3 - \frac{1}{2}x^2 - \frac{3}{2}x$

$x_{01} = -2;\ x_{02} = 0;\ x_{03} = 6$

$$A = \left| \int_{-2}^{0} \left(\frac{1}{8}x^3 - \frac{1}{2}x^2 - \frac{3}{2}x\right) dx \right| + \left| \int_{0}^{6} \left(\frac{1}{8}x^3 - \frac{1}{2}x^2 - \frac{3}{2}x\right) dx \right|$$

$$= 1{,}167 + 22{,}5 = 23{,}667\ \text{FE}$$

7 Weiteres zur Differentialrechnung

7.1 Die Ableitungen der Wurzelfunktionen als Umkehrfunktionen S. 206

1. a) $D=[-2;2]$; $f'(x)=\dfrac{-2x}{\sqrt{8-2x^2}}$; $D_{f'}=]-2;2[$

   b) $D=\mathbb{R}$; $f'(x)=\dfrac{2x-4}{5\sqrt[5]{x^2-4x+3}^4}$; $D_{f'}=\mathbb{R}\setminus\{1;3\}$

   c) $D=\mathbb{R}\setminus]-3;3[$; $f'(x)=\dfrac{x}{\sqrt{x^2-9}}$; $D_{f'}=\mathbb{R}\setminus[-3;3]$

   d) $D=\{x \mid x\geqslant 1 \wedge x\in\mathbb{R}\}$; $f'(x)=\dfrac{1}{4\sqrt[4]{x-1}^3}$; $D_{f'}=\{x \mid x>1 \wedge x\in\mathbb{R}\}$

   e) $D=\mathbb{R}$; $f'(x)=\dfrac{3x^2-2}{3\sqrt[3]{x^3-2x}^2}$; $D_{f'}=\mathbb{R}\setminus\{-\sqrt{2};0;\sqrt{2}\}$

   f) $D=[-1;1]$; $f'(x)=\dfrac{x-2x^3}{\sqrt{x^2-x^4}}$; $D_{f'}=]-1;1[\setminus\{0\}$

2. a) $f'(x)=\dfrac{3x^2-8x+0{,}5}{5\cdot\sqrt[5]{x^3-4x^2+0{,}5x}^4}$

   b) $f'(x)=\dfrac{5x^4-4x^3+0{,}75x^2}{4\cdot\sqrt[4]{x^5-x^4+0{,}25x^3}^3}$

   c) $f'(x)=\dfrac{anx^{n-1}+b}{k\cdot\sqrt[k]{ax^n+bx}^{k-1}}$

   d) $f'(x)=\dfrac{1}{3}\cdot\sqrt[3]{\dfrac{5-x}{5+x}}^{2}\cdot\dfrac{(5-x)+(5+x)}{(5-x)^2}=\dfrac{10}{3(5-x)^2}\cdot\sqrt[3]{\dfrac{5-x}{5+x}}^{2}$

   e) $f'(x)=\dfrac{1}{n}\cdot\sqrt[n]{\dfrac{x^3-b^3}{x^3+b^3}}^{n-1}\cdot\dfrac{3x^2(x^3-b^3)-3x^2(x^3+b^3)}{(x^3-b^3)^2}$

   $=\dfrac{-6b^3x^2}{n(x^3-b^3)^2}\cdot\sqrt[n]{\dfrac{x^3-b^3}{x^3+b^3}}^{n-1}$

   f) $f'(x)=\dfrac{1}{p}\cdot\sqrt[p]{\dfrac{x^n-a}{x^n+a}}^{p-1}\cdot\dfrac{nx^{n-1}\cdot(x^n-a)-nx^{n-1}\cdot(x^n+a)}{(x^n-a)^2}$

   $=\dfrac{-2anx^{n-1}}{p(x^n-a)^2}\cdot\sqrt[p]{\dfrac{x^n-a}{x^n+a}}^{p-1}$

3. $D_{max}=[-2;2]$; $f'(x)=0$ in $(0\mid 2)$; Tangenten senkrecht in $(-2\mid 0)$ und $(2\mid 0)$; $f'(x)=-1$ in $(\sqrt{2}\mid\sqrt{2})$; $f'(x)=1$ in $(-\sqrt{2}\mid\sqrt{2})$; Graph ist der Halbkreis um $(0\mid 0)$ mit $r=2$ und $f(x)\geqslant 0$.

4. a) Extrema bei $x_1=-\sqrt{8}$ (Max.) und $x_2=\sqrt{8}$ (Max.); keine Wendestelle; nicht differenzierbar bei $x=0$; -4; 4.

4. b) Extremum bei $x_1 = \frac{8}{3}$ (Max.); keine Wendestelle; nicht differenzierbar bei $x = 0; 4$.

5. a) $f(x) = x \cdot \sqrt{4-x^2}$

$$f'(x) = \frac{4-2x^2}{\sqrt{4-x^2}}$$

$$f''(x) = \frac{2x^3-12x}{\sqrt{4-x^2}^3}$$

$$f'''(x) = \frac{(12x^4-48)\cdot\sqrt{4-x^2}}{(4-x^2)^3}$$

$x_{01} = -2$
$x_{02} = 0$
$x_{03} = 2$
$x_{11} = -\sqrt{2}$ Min.
$x_{12} = \sqrt{2}$ Max.
$x_{21} = 0$

Wertetabelle:

x	-2	$-\sqrt{2}$	0	$\sqrt{2}$	2
f(x)	0	-2	0	$\sqrt{2}$	0
f′(x)		0	2	0	

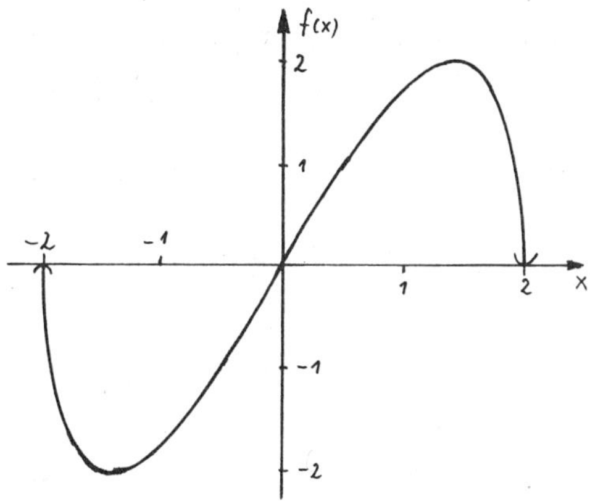

b) $f(x) = 0{,}5x \cdot \sqrt{16-x^2}$

$$f'(x) = \frac{8-x^2}{\sqrt{16-x^2}}$$

$$f''(x) = \frac{x^3-24x}{\sqrt{16-x^2}^3}$$

$$f'''(x) = \frac{3x^4-72x^2-384}{\sqrt{16-x^2}^5}$$

$x_{01} = -4$
$x_{02} = 0$
$x_{03} = 4$
$x_{11} = -2\sqrt{2}$ Min.
$x_{12} = 2\sqrt{2}$ Max.
$x_{21} = 0$

Wertetabelle:

x	-4	$-2\sqrt{2}$	0	$2\sqrt{2}$	4
f(x)	0	-4	0	4	0
f′(x)		0	2	0	

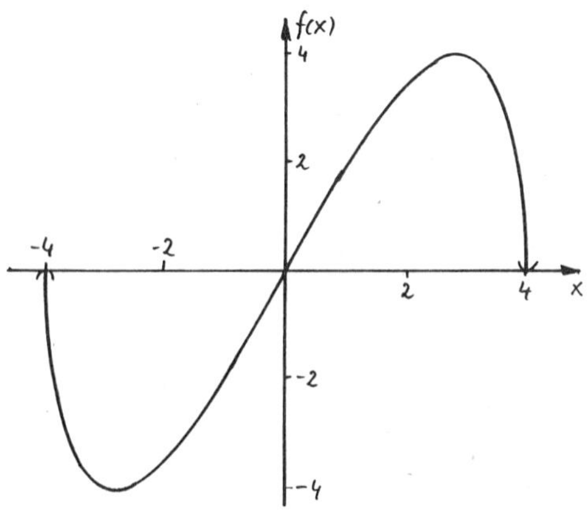

5. c) $f(x) = (x-3)\cdot\sqrt{x}$

$f'(x) = \frac{3x-3}{2\sqrt{x}}$

$f''(x) = \frac{3x+3}{\sqrt{x}}$

$f'''(x) = \frac{6x^2-3x-3}{2\sqrt{x}}$

$x_{01} = 0$
$x_{02} = 3$
$x_{11} = 1$ Min.
kein Wendepunkt

Wertetabelle:

x	0	1	3
f(x)	0	−2	0
f′(x)		0	$\sqrt{3}$

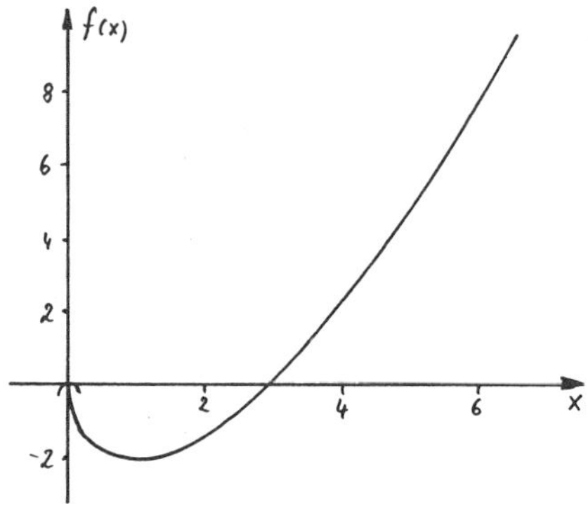

d) $f(x) = \frac{x}{2}\cdot\sqrt{9-x}$

$f'(x) = \frac{18-3x}{4\cdot\sqrt{9-x}}$

$f''(x) = \frac{3x-36}{8\cdot\sqrt{9-x}^{3}}$

$f'''(x) = \frac{3x-54}{16\cdot\sqrt{9-x}^{5}}$

$x_{01} = 0$
$x_{02} = 9$
$x_{11} = 6$ Max.
kein Wendepunkt

Wertetabelle:

x	0	6	9
f(x)	0	5,2	0
f′(x)	1,5	0	

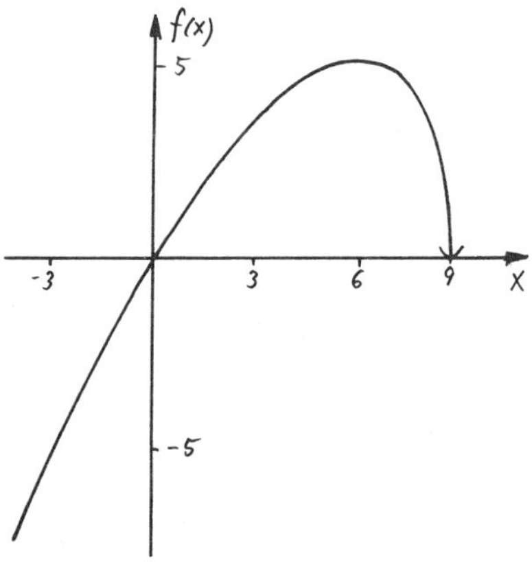

7.2 Die Ableitungen von Logarithmus- und Exponentialfunktionen

S. 206

1. a) $f'(x) = \frac{8x^3}{2x^4-1}$

b) $f'(x) = \frac{5x^4+6x^2-1}{x^5+2x^3-x}$

c) $f'(x) = \frac{3}{(3x-5)\cdot\ln 10}$

d) $f'(x) = \frac{8x-2}{(4x^2-2x+1)\cdot\ln 2}$

e) $f'(x) = e^{3x+4}\cdot 3$

f) $f'(x) = -8e^{-2x}$

1. g) $f'(x) = 3x^2 \cdot e^{-3x+2x^2} + x^3 \cdot e^{-3x+2x^2} \cdot (-3+4x) = e^{-3x+2x^2} \cdot (3x^2 - 3x^3 + 4x^4)$
   h) $f'(x) = 5 \cdot 2^{5x-3} \cdot 5 \cdot \ln 2 = 25 \cdot 2^{5x-3} \cdot \ln 2$
   i) $f'(x) = -50 e^{-0,3x} \cdot (-0,3) = 15 e^{-0,3x}$

2. a) Minimum bei $x_1 = -1$; Wendestelle bei $x_2 = -2$
   b) Minimum bei $x_1 = 0$; Maximum bei $x_2 = 2$; Wendestellen bei $x_3 = 2 - \sqrt{2} \approx 0,6$ und $x_4 = 2 + \sqrt{2} \approx 3,4$
   c) Minimum bei $x_1 = 0$; Wendestellen bei $x_2 = -1$ und $x_3 = 1$
   d) Maximum bei $x_1 = e$; Wendestelle bei $x_2 \approx 4,5$
   e) kein Extremum; Wendestelle bei $x_2 = 0$
   f) Maximum bei $x_1 = 0$; Wendestellen bei $x_{21} = -\frac{1}{\sqrt{2}}$ und $x_{22} = \frac{1}{\sqrt{2}}$
   g) Maximum bei $x_1 = \ln 2$; Wendestelle bei $x_2 = \ln 4$

3. $f'(0) = 50$; keine Extrem- oder Wendestellen vorhanden.

4. $f^{-1}(f(x)) = \log_a a^x = x \Rightarrow \frac{1}{a^x \cdot \ln a} \cdot (a^x)' = 1 \Rightarrow (a^x)' = a^x \cdot \ln a$

5. a) $\int \frac{2x}{x^2-4}\,dx = \ln(x^2-4)$ b) $\int \frac{3x^2-x+1}{x^3-0,5x^2+x-5}\,dx = \ln(x^3-0,5x^2+x-5)$
   c) $\int \frac{x-1}{x^2-2x+1}\,dx = \frac{1}{2}\ln(x^2-2x+1)$

6. a) $\left[\frac{1}{2}\ln(x^2+1)\right]_0^3 \approx 1,151$ b) $\left[\frac{1}{2}\ln(x^2-4x+4)\right]_3^4 \approx 0,693$
   c) $[2\ln(x^3-1)]_2^3 \approx 2,624$

7.3 Die Ableitungen der trigonometrischen Funktionen S. 206–207

1. $f''(x) = -\sin x$; $f'''(x) = -\cos x$; $f^{IV}(x) = \sin x$; $f^{V}(x) = \cos x$
   Es sind $f(x) = f^{IV}(x) = f^{VIII}(x) =$ usw. und entsprechend $f'(x) = f^{V}(x)$ usw.

2. $f(x) = \frac{-1}{\cos^2\left(\frac{\pi}{2} - x\right)} = \frac{-1}{\sin^2 x}$

3. a) $f'(x) = a\,d \cdot \cos[d(x+c)]$ $f''(x) = -a\,d^2 \cdot \sin[d(x+c)]$
   b) $f'(t) = a\,\omega \cdot \cos(\omega t + \varphi)$ $f''(t) = -a\,\omega^2 \cdot \sin(\omega t + \varphi)$

4. a) $f'(x) = 2\cos 2x$
   b) $f'(x) = -2\pi x \sin \pi x^2$
   c) $f'(x) = \frac{2}{\cos^2(2x+1)}$
   d) $f'(x) = \cos 5x$
   e) $f'(x) = \frac{-1}{x^2} \cdot \cos\frac{1}{x}$
   f) $f'(x) = \frac{-\cos x}{\sin^2 x}$
   g) $f'(x) = 2x\cos x^2$
   h) $f'(x) = 2\sin x \cdot \cos x$
   i) $f'(x) = -\sin x$
   k) $f'(x) = \cos^2 x - \sin^2 x$
   l) $f'(x) = 0$
   m) $f'(x) = 2x\cos 2x - 2x^2 \cdot \sin 2x$

5. Wendestellen bei $x_w = 0;\ \pi;\ 2\pi;\ 3\pi;\ \ldots\ldots.$

$f'(x_w) = \cos x_w = 1;\ -1;\ 1;\ -1;\ \ldots\ldots.$

6. $f'(x_w) = 1$ in allen Wendepunkten.

7. $f'(x) = 0$ bei $x_1 = \pm\frac{\pi}{2};\ \pm\frac{3\pi}{2};\ \pm\frac{5\pi}{2};\ \ldots\ldots;$

bei $x_2 = \ldots;\ -\frac{11\pi}{6};\ \frac{\pi}{6};\ \frac{13\pi}{6};\ \ldots.$

und

bei $x_3 = \ldots;\ -\frac{7\pi}{6};\ \frac{5\pi}{6};\ \frac{17\pi}{6};\ \frac{29\pi}{6};\ \ldots.$

8. a) $f(x) = \sin x \cdot \cos x$
$f'(x) = \cos^2 x - \sin^2 x$
$f''(x) = -4 \sin x \cdot \cos x$
$f'''(x) = -4(\cos^2 x - \sin^2 x)$

$x_{0n} = n \cdot \frac{\pi}{2}$
$x_{1n} = (2n-1) \cdot \frac{\pi}{4}$
Max. für ungerades n
Min. für gerades n
$x_{2n} = n \cdot \frac{\pi}{2}$
$\Bigg\}\ n \in \mathbb{Z}$

Periodenlänge π
Amplitude 0,5

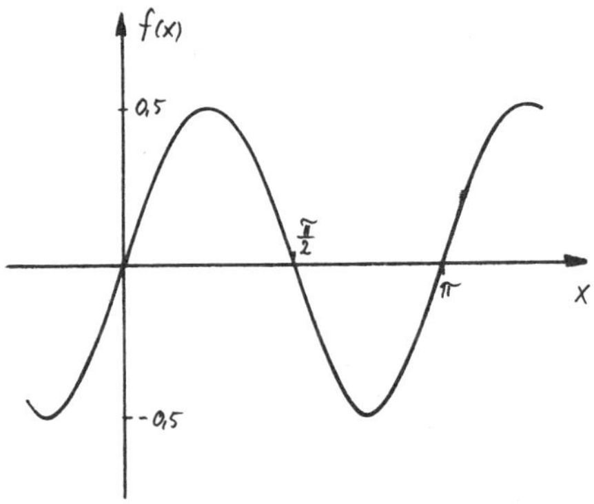

b) $f(x) = \sin^2 x$
$f'(x) = 2 \sin x \cdot \cos x$
$f''(x) = 2(\cos^2 x - \sin^2 x)$
$f'''(x) = -8 \sin x \cdot \cos x$

$x_{0n} = n \cdot \pi$
$x_{1n} = n \cdot \frac{\pi}{2}$
Max. für ungerades n
Min. für gerades n
$x_{2n} = (2n-1) \cdot \frac{\pi}{4}$
$\Bigg\}\ n \in \mathbb{Z}$

Periodenlänge π
Amplitude 0,5

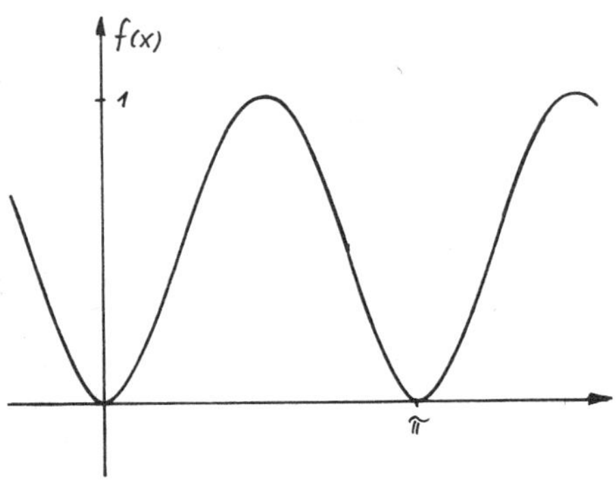

8. c) $f(x) = \sin x + \cos x$

$f'(x) = \cos x - \sin x$

$f''(x) = -\sin x - \cos x$

$f'''(x) = -\cos x + \sin x$

$$\left.\begin{array}{l} x_{0n} = \left(n + \frac{3}{4}\right) \cdot \pi \\ x_{1n} = \left(n + \frac{1}{4}\right) \cdot \pi \\ \text{Max. für gerades n} \\ \text{Min. für ungerades n} \\ x_{2n} = \left(n + \frac{3}{4}\right) \cdot \pi \end{array}\right\} n \in \mathbb{Z}$$

Periodenlänge 2π

Amplitude $\sqrt{2}$

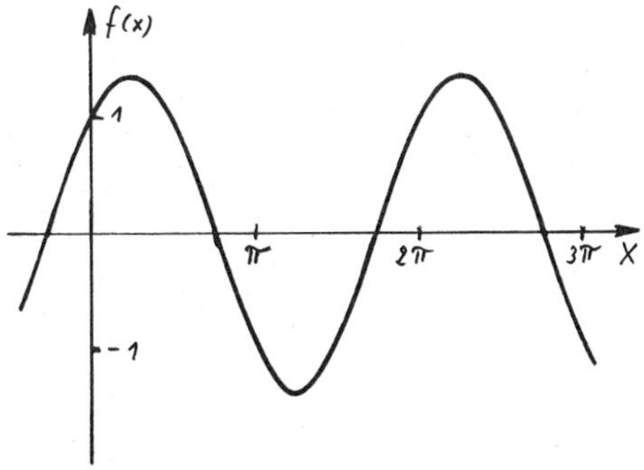

9. $f(x) = \arcsin x \quad f'(x) = \frac{1}{\cos \arcsin x} = \frac{1}{\sqrt{1-x^2}}$

$f(x) = \arccos x \quad f'(x) = \frac{-1}{\sin \arccos x} = \frac{-1}{\sqrt{1-x^2}}$

$f(x) = \arctan x \quad f'(x) = \cos^2 \arctan x = \frac{1}{1+x^2}$

$f(x) = \operatorname{arccot} x \quad f'(x) = -\sin^2 \operatorname{arccot} x = \frac{1}{1+x^2}$

10. $\int \sin x\,dx = -\cos x; \quad \int \cos x\,dx = \sin x$

11. $\int_0^{\frac{\pi}{2}} \sin x\,dx = 1$

12. a) $\int \cot x\,dx = \ln(\sin x)$ b) $\int \tan x\,dx = -\ln(\cos x)$

c) $\int \frac{\cos^2 x - \sin^2 x}{2 \sin x \cdot \cos x}\,dx = \frac{1}{2} \cdot \ln(\sin x \cdot \cos x)$

d) $\int \frac{\cos^{-2} x}{\tan x}\,dx = \ln(\tan x)$ e) $\int \frac{\sin^{-2} x}{\cot x}\,dx = -\ln(\cot x)$

8 Anwendungen der Integralrechnung

8.1 Rauminhalte von Drehkörpern

S. 207

1. a) $V = \pi \int_1^4 x^4 dx = 204{,}6\pi \approx 642{,}8$

   b) $V = \pi \int_0^3 (x+1)\,dx = 7{,}5\pi \approx 23{,}6$

   c) $V = \pi \int_1^3 x^{-2} dx = \frac{2}{3}\pi \approx 2{,}1$

2. $V = \pi \int_1^2 (4 - x^2)\,dx = \frac{5}{3}\pi \approx 5{,}2$

3. $V = \pi \int_0^5 (0{,}5 + 2)^2 dx = \frac{665}{12}\pi \approx 174{,}1$

4. Der Zylinder wird erzeugt durch die Gerade mit $f(x) = r$; $x \in [0; h]$ $r, h \in \mathbb{R}_+$. Dann ist
   $V = \pi \int_0^h r^2 dx = \pi r^2 h.$

5. a) $V = \pi \int_1^4 x^4 dx = 204{,}6\pi \approx 642{,}8$

   b) $V = \pi \int_1^5 x^{-2} dx = 0{,}8\pi \approx 2{,}5$

   c) $V = \pi \int_{-1}^3 (0{,}5x + 0{,}5)^2 dx = \frac{16}{3}\pi \approx 16{,}8$

8.2 Der Schwerpunkt einer Fläche

S. 207

1. a) $S(3{,}\overline{63} \mid 1{,}\overline{409})$ b) $S(3{,}9375 \mid 7{,}55)$ c) $S(4{,}25 \mid 2{,}7)$

2. $$V = 2\pi \cdot f(x_S) \cdot A = 2\pi \cdot \frac{\frac{1}{2}\int_a^b [f(x)]^2 dx}{\int_a^b f(x)\,dx} \cdot \int_a^b f(x)\,dx = \pi \int_a^b [f(x)]^2 dx$$